時が刻むかたち

農文協

奥村昭雄

時が刻むかたち

樹木から集落まで

はしがき

上野公園には、ところどころにパイプでできた車馬通行止めの柵がある。ある日、私がその柵を通り抜けるとき、うっかりポケットから定期券を出して見せているところを学生に見られてしまった。「先生、なにやってんですか」と笑われた。私は考え事に没頭していると、そんなことをしてしまうことがある。

毎日上野の杜《もり》を歩いて芸大に通っていた頃、樹々の変化に飽きることがなかった。春、楠《くす》の芽出しの色は日々に変わる。夏は欅《けやき》の緑陰を伝って歩く。秋、杜に聳《そび》える銀杏《いちょう》の黄色。冬枯れは樹形の違いがよく見える。その時間は、私にとって「考える時間」でもあった。

私は吉村順三設計事務所から芸大に戻る前、建物を取り巻く熱環境の変動を利用して、その自然の力を逆に働かせて室内を快適に近づけることを試みていた。そのときはまだエネルギーの節約というよりも、変化のある「快適さの質」とは何かを考えていた。上野の杜を歩いていると、植物が再び私にそのことを考えさせた。

一九八〇年代の中頃、建築の世界に「パッシブシステム」という聞き慣れない言葉が入ってきた。「受動的設計」といっても日本語になっていない言葉だが、中身を聞いてみると、昔からの日本人の暮らしの知恵や考え方となんら変わらないことがわかる。

自然の変化のリズムを利用して、建物との応答の仕方を考える。建物といってもいろいろで一筋縄では捉えられない。自然環境とその変化も単純ではない。人間が求めるリズムに近づける。人工的につくった環境ではなく、自然から引き出した心地よさを求める建築、それを考えようとすると、大まかなことは想像できても、実際に変化するリズムを予想することは、コンピューターによるシミュレーションによらなければならない。シミュレーションというものは、実際の現実そのものではない。しかし、それが巧妙にモデル化されている場合には、目的とするものに限りなく近づくことができる。

それには植物がお手本になる。植物は太陽と炭酸ガス、風と水、それにほんの少しのミネラルを土か海水から得ているだけである。彼らも建築と同じで、移動することができない。自然においては、与えられた環境と時間の繰り返しが刻み出すかたちは、限りなく複雑であり、美しい。しかし、今我々がつくっている建築や都市が自然で美しいものとはとてもいえない。

「第一章　樹形を読む」は、私のポケットからうっかり飛び出した定期券のようなもので、ふと庭先や野山で自然の植物から学んだものである。

「第二章　木曽谷物語」は、縁あって一九六五年から木曽に行くようになって、自然と民家、山村の生活と歴史を観察し、古老の話を聞くうちにできあがったものである。

「第三章　不思議な生き物」は、対象は違っていても誰でもが観察しているであろうことのなかから、たまたま身近に起こったものを描いたものである。

いずれの章も自然の変化のリズム、時が刻むかたちをテーマにしていることに変わりはない。自然のシステムが繰り返してできるかたちは美しく、変化し、ときに驚かされる。

我が家の庭で、もっとも古い住人は胡桃《くるみ》と次郎柿である。八〇年を超えているだろうか。蛙も代を重ねて毎年孵《かえ》る。しかし、限られた庭でも毎年同じではない。実はなっても芽が出なかった胡桃の実生《みしょう》が、今年はたくさん生えた。小さな驚きである。

時が刻むかたち

目次

第2章 木曽谷物語 75

第1章

樹形を読む

種子の旅

藤の実がはぜる

凍《い》てつく冬の夜更け、「パン」という乾いた驚くような大きな音がして、その後に「タン、コロコロン」と、小さなものが屋根を転がる音が続いた。耳を澄ますと、「パン」という音はかすかなこだまとなって返ってきた。

「藤の実がはぜたな」

木曽の山荘の脇に集落の産土《うぶすな》神社の跡がある。ほこらも神様も別のところへ移られたが、ご神木だった「いちい」、「けやき」(欅)と「うわみず桜」がかたまって茂り、それに太い「やまふじ」(山藤)が絡《から》んでいる。「パン」は鞘《さや》のはじけた音、「タン」は種子《たね》が板《いた》倉《くら》の板葺《いたぶ》き屋根に当たった音である。木々も動物も冬の眠りのなか、そんなことでもなければ木曽の夜は何の音もしない。

藤の種子は数十メートル、時に一〇〇メートル近くも飛ぶことがある。室内に壁飾りのつもりでかけておくと、窓ガラスを割ることもある。藤の種子は、若いときは細かい緑のビロードのような毛に覆《おお》われた丈夫な鞘の中に、厚く白いスポンジに包まれて守られている(一七頁、図1)。中の種子が、艶《つや》のある黒紫の碁石のように実ってくるにつれて、鞘の厚い皮が縮んで、中のスポンジと種子を強く締め付ける。それといっしょに鞘の左右二枚の皮の中には、それぞれ反対向きに捻《ねじ》れようとする大きな力が溜まってくるが、左右の力が釣り合っているので見た目には何もわからない。冬も深まり、空気が乾いてきて、溜まった力が限界に達すると、鞘が割れ、いっきに左右に捻れて中の種子を打ち出す。二枚に割れてドリルの刃のように捻れた鞘を元の形に戻そうとしても、人の指の力ではとてもむずかしい。

　鞘の割れは下端から始まり、一瞬のうちに全長に達する。鞘が捻れ、それが周りの空気を「パン」とはたく反力を種子が受け取って飛び出す。捻れた鞘も落ちるが、地面の湿気を吸うとやがて捻れは戻ってしまい、彼らのやったことの痕跡は隠されてしまう。

　藤は四、五〇年で直径一〇センチメートルほどの太さになり、絡みついて数本の樹の樹冠を覆うほどになる。房になって垂れ下がる花のみごとさ、あでやかさは日本人の好みである。蔓性《つるせい》のなかでは太い木本《もくほん》✦1になるから、自分の子供が近くに生えて、親子で絡み合っては困る。鞘には数個の種子が入っていて、その凸レンズのような形はいかにもよく飛びそうである。鞘は下にいくほど太く、肉厚になっていて、そこに入っている種子がもっとも遠くに飛ぶのだろう。鞘自身の重さも飛距離を伸ばすのに有効である。積もった落ち葉や枯れ枝のあいだをすり抜けて転がり込むのにも、種子の形は具合がいい。

　つまり藤は、自分の子孫を広げるのに、動物や鳥の手助けを拒絶している。かなり大粒の種子は蛋白質と脂肪に富み、普通なら彼らの好むもののはずである。堅い鞘で覆い、いくらかの毒性を種子にもたせ、樹々が裸になって邪魔物が減り、採食者たちが冬ごもりでいなくなるのを待って、自力で撒き散らしているのである。土や雨の水分に合うと、堅い種子は柔らかくなって、間もなくやってくる春を待つ。

　種子をはじき飛ばす植物はいろいろある。かたばみ、吊《つ》り船草《ふねそう》、鳳仙花《ほうせんか》……、専用のかわいいバネをもったもの、鞘が巻き込むもの、しかし、藤の鞘のように強力な投擲機《とうてきき》をも

✦1　草である草本に対して、木になる植物のこと。

っているものは知らない。

藤の実は、ほいろで炒《い》ると、脂気と適当な塩気があって酒のつまみになる。しかし、少量ならその毒性は腹痛の薬にもなるが、適当にしたほうがよい。藤の樹皮は丈夫なので、吊り橋に使われた。木曽川の支流を流してきた丸太を筏《いかだ》に組むために、本流で受け止める大川《おおかわ》狩《か》りにも、川を渡した藤蔓の太い縄を使った。また、蔓の繊維で織った藤布は麻と並んで賤者《せんしゃ》の衣服だったが、藤衣《ふじころも》は質素な衣服から転じて喪服《もふく》を指すようになった。

同じ豆科でも、「さいかち」（西海子）の実の鞘は、割れずに年が明けても乾いてぶら下がっている。扁平で長く大きな鞘で、捻れて何個か束になっている。よく川縁の洗濯場の脇に生えていて、幹に枝分かれした恐ろしい棘《とげ》があるのですぐわかる。その鞘と豆は、石鹸代わりに使われた。さいかちの樹液は甲虫が好きなので、くわがた（鍬形）やかぶと虫をねらう子供たちも集まる。朝早く行ってさいかちの幹を足で蹴《け》ると、甲虫がばらばらと落ちてくる。かぶと虫は別名「さいかち虫」ともいう。さいかちの実の鞘に含まれたサポニンは、地面や川に落ちて水気を含むと、乾いた鞘をふやかし、分解しやすくする働きをする。大豆も洗っていると泡が立つ。

お正月の羽根つきの羽根の先の黒い玉は、「むくろじ」（木欒子または無患子）の種子である。堅い床に落とすとよく弾む。この堅い種子は、「ほおずき」に似た飴色の丈夫な中空の袋にひとつひとつ収まっている。この袋にもサポニンがたくさん含まれていて、水分で軟化してぬるぬるとした手触りになる。堅いむくろじの種子も柔らかくなって、発芽しやすくなるのだろう。これも昔は洗濯に使われた。

植物の身になってみれば、大事な種子は運搬者にも食べられたくはない。堅くしておいて、後で柔らかくするのである。

宿り木の種子は枝から枝へ

植物が種子を遠くに運んでもらおうとするとき、ごく普通のやり方は、動物や鳥の好むご馳走を少し、実った種子の周りにつけてやる方法である。大切な種子を保護するためには堅い殻や皮をつける、あるいはさらに、その殻が動物の消化液で少し溶けなければ発芽

図1 ―――藤の実。藤の茎は普通右巻きに絡むが、「やまふじ」は左巻き(根元から枝先に向かって、左に曲がりながら巻きつく)なので見分けやすい。真冬になって空気が乾いてくると、厚く丈夫な鞘に溜まった大きな力が突然解き放たれて、2枚に捻れた鞘は中の種子を打ち出す。

図のように強く捻れた鞘の状態は、種子を打ち出した直後にしか見ることができない。地面に落ちた鞘は、水分を吸うと捻れが戻り、ほぼ真っすぐになってしまう。藤は、水分の乾燥を力のエネルギーに変えて蓄え、一瞬に放出して、種子を数十メートルはじき飛ばしているのである。

しないように細工をして、より遠くまで運ばれることを確実にする。
「やどりぎ」（宿り木）のやり方はいっそう手が込んでいる。「ぶな」、「みずなら」、「けやき」など高い落葉広葉樹の枝や幹に寄生する宿り木にとって、種子が地面に落ちても何にもならない。直径五、六〇センチメートルの整った球のような形の宿り木の枝の先端には、秋になると六ミリメートルほどの小さなレモン色の実がつく。丸い滴《しずく》のような実は透き通っていて、中にやや白濁したぶるぶるしたものに包まれた緑の種子が一つあるのが見える。寄主《きしゅ》✦2の樹が落葉した晩秋や冬、逆光で見ると、常緑の宿り木の球の中に黄色の発光ダイオードが光っているようで、小鳥の目にも立つだろう（図2）。

宿り木はたいていは高いところにあって、手に取ることはむずかしい。たまたま道路脇の低く垂れ下がった枝についていた。宿り木は雌雄異株だが、その株には実がついていた。摘《つま》んでしゃぶってみると、薄甘い汁の後のぶるぶるはなかなか種子と離れない。口から摘み出すと指先にくっつく。爪などの乾いたところには、とくにひりつきやすい。摘んだ指を開くと指のあいだに糸がかかる。もう一方の手でその糸を引くと、ぶるぶるから光った糸がするすると紡《つむ》ぎ出されるように引き出されてきて、すぐに乾いてピンと堅くなる。糊の利いた絹糸のようで、かなり丈夫である。長さは五、六〇センチメートルにもなるが、その先は残ったぶるぶるに包まれたハート型の緑の種子につながっている。

小鳥は種ごと飲み込んでしまうこともあるが、なかには乾いた嘴《くちばし》や羽根にぶるぶるがくっついてしまうこともあるだろう。脚で掻《か》き取ろうとすれば脚にも糸が絡《から》んでしまう。気持ちが悪いので、他の樹に飛んでいってそれを幹や枝になすりつけてくれれば、宿り木の目的は達せられたことになる。雨が降れば、糸とぶるぶるは柔らかくなって、寄主の樹皮の中に根を割り込む。

飲み込まれた種子のほうも、ぶるぶるは消化液にも耐えて粘着性を残しているので、樹

✦2　寄生生物が寄生する相手の生物のこと。

図2——— 宿り木。冬枯れの樹々のなかで、常緑の宿り木に付いたレモン色の実はよく目立つ。その皮は柔らかく、中の種子の周りのぷるぷるしたものは鳥の体にくっつきやすい。取ろうとしても、糸になって離れない。鳥が他の樹の枝になすりつけてくれれば、宿り木は樹から樹へ種子を渡したことになる。高木の幹や枝に寄生する宿り木にとって、種子が地面に落ちては何にもならない。小さい厚肉の葉と緑の茎で光合成を行ない、水とミネラルを寄主に食い込んだ根から得ている。

やどりぎ
1999/3/19

2003/03/16
御宿にて. ひのきばやどりぎ

図3——— ひのきばやどりぎ。椿、もちのきなどの常緑広葉樹に寄生する。枝葉が鱗片状に連続するので「檜葉」の名が付いた。

の枝に糞をしてくれればそれでもよい。鳥にとっては、便がねばねばしていて糞（踏ん）切りが悪く、樹に尻をこすりつけたくなる。かくして、彼らは巧妙に種子を樹から樹へ渡しているのである。春先に新芽が出るまで、干からびかけた実の残りが枝先に残っている。

宿り木の肉厚の枝葉には澱粉《でんぷん》が含まれていて、餅にして飢饉《ききん》のときの食料になった。冬枯れの景色のなかでも緑を保つ宿り木は、不思議な力を潜《ひそ》めていると思われ、いろいろな宗教・習俗の道具に用いられた。クリスマスに飾られた宿り木の下では、「誰でも女性にキスをしてよい」という話はよく知られている。

最近、千葉で「ひのきばやどりぎ」（檜葉宿り木）が山茶花《さざんか》の節についているのを見つけた。鱗片がつながったような枝葉（葉のように見えるのは実は茎）で、普通の宿り木より小さく、直径一〇センチメートルほどの玉になる（図3）。弘法大師が心願成就《しんがんじょうじゅ》されたとき、この「檜葉」で手を清め、それを椿に投げつけられたという。それから「手水《ちょうず》の木《き》」とも呼ばれる。これも雌雄異株で、粘液質の小さい実がなるそうだが、まだ見たことがない。

宿り木は寄主の樹液を吸い取ってはいるが、光合成は自力で行なっている「半寄生」だが、この種族のなかには全部を寄主に頼っている種もある。熱帯多雨林には、高い樹冠層の中だけに寄生して暮らしている植物がたくさんあるそうである。きっと彼らも多様な繁殖戦略を考えているのだろう。

柳絮《りゅうじょ》が舞う

五月下旬、ヨーロッパは一番いい季節である。人びとは陽光を楽しんで、なるべく戸外で暮らす。バスがミュンヘンのオリンピック公園に着いたとき、あたり一面は緩やかな風に乗って流れる無数の白い綿毛《わたげ》のようなもので満ちていた。見渡すかぎり、何千、何万という綿毛がゆっくりと水平に動いている。霧が時によって風景の遠近感を強調してくれるように、流れる綿毛が公園の木立のあいだに広がりを感じさせていた。
綿毛の来ている方に歩く。最初に出会った菩提樹《ぼだいじゅ》では、綿毛は枝葉のあいだを素通りしているだけだった。次に大きな柳があった。しだれない柳で、葉の裏が白っぽいので「しろやなぎ」（白柳）の仲間ではないかと思う。綿毛はまさにその樹から発生していた。小指より小さい穂《ほ》状になった実のひとつひとつから吹き出るように綿毛が出てきて、間もなく離れて飛んでゆく。見回すと、公園のなかには同じ柳があちこちにある。

実の付いた小枝を手折ってバスに戻る。小枝をスケッチしていると、見ている前で次から次と綿毛が出てくる（図4）。初めは、緑の徳利のような小さな実から、筆を切ったようにきれいに揃った真っ白い毛の束が顔を出す。見る間にそれは迫り出してきて、絡み合って親指の先くらいの大きさの綿毛に膨らむ。実の中にきっちりと畳み込まれた毛には、縮れる性質が与えられているのだろう。綿毛の中にはひとつずつけし粒より小さな種子が入っている。近くからも綿毛が出てくると、お互いに絡み合う。二、三個がつながると、車内の空調のわずかな風に乗って浮き、飛んでゆく。車内の空気は乾燥しているので、次から次へと出てくる。綿毛が舞うのは毎日ではなく、ある日突然現われるのだそうだ。街に綿毛が舞う日と、そうでない日があるのは、天気と湿度にかかわっているのだ。

柳の綿毛には、「柳絮《りゅうじょ》」という名前がついている。「柳絮の才」というと、女性の詩を作る才能をいうそうである。辞書には、柳絮を風花《かざばな》（晴れた日にキラキラと風に舞う雪）にたとえるような詩才とある。次々と湧き出る柳絮のような豊かな才能と解釈してもよいのではないだろうか。北京では、くす玉のような大きさになった柳絮が街中を転げ回って、とても風流とはいえないそうである。

綿毛を飛ばすのは柳だけではない。ヨーロッパのどこだったか忘れたが、ポプラから同じような綿毛が飛ぶのを見た覚えがある。柳とポプラはずいぶん樹形が違うが、実はどち

図 4———— 柳絮。やなぎ科の樹には、綿毛の付いた小さな種子をたくさん飛ばすものが多い。カラッと晴れた日、突然あたり一面に無数の綿毛が舞う。川面も綿毛で真っ白になる。軽い種子は 1 カ月ほどの寿命しかない。地球上が柳だらけになることはない。図は、5月下旬ミュンヘンのオリンピック公園でのスケッチ。空気が乾くと、穂のように集まった実のひとつひとつから綿毛が吹き出し、風に乗って旅立つ。

らもやなぎ科に属している。通称ポプラといっているのは、「やまならし」(山鳴らし、または箱柳《はこやなぎ》)のことで、北大の農場に高くそびえて並んでいるのは、外来種の「せいようやまならし」である。英名でアスペン(Aspen)という呼び方もある。鎮痛剤アスピリンはこの樹皮から抽出したのが始まりである。風で葉が打ち合ってカサカサと音を立てるので、山鳴らしの名が付いた。これらのやまならし属の樹も綿毛の付いた種を飛ばす。

私が気づいていないだけかもしれないが、ヨーロッパや中国でこんなに多い柳絮が、日本ではあまり目につかないのはなぜだろうか。文学や詩歌にも登場していないように思う。たしか岡山市内だったと思うが、公園の周囲に高いポプラが並んでいて、その梢《こずえ》に水道管が取りつけてあった。傍にいた人に尋ねると、「綿毛が洗濯物に付いて、しみができる苦情があって、霧を吹かせるのだ」という。そのときは、「なんと大げさな」と私は思った。

やなぎ科は雌雄異株なのに、日本のやなぎ科やなぎ属のなかには雌雄のバランスがはなはだしく崩れているものがある。「しだれやなぎ」は雌株がきわめて少ない、「じゃやなぎ」(蛇柳)や「きぬやなぎ」(絹柳)には雄株が見つかっていないという具合である。中国から伝来したときの事情によるものか、挿《さ》し木に強い種類であるためなのか、いずれにしても雌雄がいなければ種子はできない。やなぎ科は、「けしょうやなぎ」以外は花粉を虫媒《ちゅうばい》✦3によって受け渡している。

もうひとつ考えられることは日本の気候である。ヨーロッパや北京に柳絮が舞う五月末から六月はカラッとしているが、日本は入梅を前にして湿度の高い季節に入っている。もし実の中に綿毛ができていても、盛大に飛ばす機会を失ってしまうということも考えられる。

無数に飛ぶ綿毛のひとつひとつに入っている種子は、数百メートル、数キロメートルも流れるだろう。綿毛は水をはじくので、川の流れに乗っても運ばれる。一粒ひとつぶが平

✦3
花粉の交配を昆虫の運搬に頼ること。

等な期待をこめて旅立つが、うまい場所にたどり着けるのはわずかの数。けしつぶほどの種には、軽くするために親からはほんのわずかな栄養分しか分けてもらっていない。親のほうも、早春の花から五月の結実まで短い時間しかなかったはずである。種子の発芽力も一カ月ほどしか続かない。何千、何万という綿毛から大きく生長した樹にまでなれるのは、親の一生のなかで平均するとたった二粒だけである。[4]自然は壮大な無駄をする。

一方で柳は、土に根づいてしまえばしたたかな生き物に変わる。近自然工法[5]の河川の護岸では、近くに生えている柳の枝を土と交互に積み重ねるだけという方法がよく使われる。挿し木の手間をかけなくても、根を張り、茂って堤防を固めてくれる。

柳の綿毛は、クッションなどの詰め物として使うこともあるそうである。英名では「やまならし」をCottonwoodともいう。詰め物として最適な「パンヤ」（カポック）は、熱帯産の別種の樹である。やなぎ科の綿毛は種子から生えるが、パンヤの綿毛は鞘のほうから出る。種子を飛ばす目的ではない。

ひるぎは旅をしない

水辺の植物には、水の流れに乗せて種子を運んでもらうものも多い。直接地面に落ちた種は発芽できず、長い間水に浸かったものだけが、親から離れたところに育つことができる。風よりも確かな運搬手段である。

しかし、八重山群島、西表島《いりおもてじま》のマングローブ林の「やえやまひるぎ」（八重山漂木）の場合は反対である（図5）。海水と淡水の交じり合う汽水性の河口や遠浅の海岸に小舟で近づくと、まず小さな幼木が海中に群がって顔を出している。それにつづいて親のめひるぎ（雌漂木）、その後ろにおひるぎ（雄漂木）の列がある。ともに密集した濃緑の群落を広げて

✦4 ある種の生物が、いつも親の数より少しでも多くの子どもを残したとすれば、長い目で見ると地球上はその生物でいっぱいになる。生物はそんなことは望んでいない。

✦5 ドイツやスイスで始められた自然の生態系のバランスを取り入れた河川・道路等の工法。コンクリートに固められた単なる排水路や高速走行性のみを求めた道路を排し、多様な生物と人の共存する幅広い環境をめざす。日本では「親自然工法」ともいう。

図5――――めひるぎの胎生種子。他の植物が嫌う、塩分を含んだ汽水の浅海に育つ樹種を総称してマングローブという。めひるぎもそのひとつ。種子は母親から栄養をもらって育ち、親の周囲の砂泥に落下・定着して、浅海を徐々に陸化する。陸化が進むと、マングローブは他の種に追い出される。

いる。水中から立った幹の周りには、逆U字形の干し草返しのフォークのような支柱根《しちゅうこん》や呼吸根が十字に直交して、柔らかい砂泥の上に体を支えている。

「ひるぎ」は「胎生《たいせい》植物」ともいわれ、種子が親の木に付いたままの状態で、果皮を破って先の尖った太い幼根が生える。その栄養が親木から与えられていることが「胎生」といわれるゆえんである。幼根が二、三〇センチメートルになると、自重で落下し、海中の砂泥に垂直に刺さる。最初の芽出しや発根のときにも、親にもらった太い幼根の蓄えを使う。うまく刺されないこともある。そのときは海の流れにまかせて新天地を求める。

　干満の差の大きな海岸や河口で、遠くに流されるよりも、親の周りに群落を広げるほうが目的にかなっている。彼らは少しずつ自分たちの領域を広げていきたいのである。彼らの努力で流砂が止まり浅瀬が広がる。やがて陸地化した土地は、他の植物に引き渡さなければならなくなる。

「ひるぎ」の仲間の樹皮には、濃厚なタンニンが含まれている。煎出・煮詰めたものをカッチ（Cutch）といって、漁網の防腐に用いられた。柿渋に似た赤褐色に染まり、その色をカッチ色という。定置網などに入った魚が、「安心して」落ち着く色だという。材は堅く、良質の炭になる。マングローブ林は小魚の安全な棲《す》み処《か》で、水産資源を支えている。

　マングローブ林の奥に大きな樹が横倒しになっていた。「さきしますおう」（先島蘇芳）で、台風ででも倒れたのだろう。陸化しているとはいえ、蟹《かに》の穴がたくさんあいた砂地で、逆さになった板根《ばんこん》からは情けない髭《ひげ》のような根が生えていた。倒れていない木もあった。その板根は高さ一・二メートルもある板状で、お互いに交叉して砂地にへばりつき、幹の傍《かたわ》らまで近づくには、根を何枚も乗り越えなければならなかった。倒れたすおうは板根の底面で砂地に乗っかっていただけだった。ここもやはりマングローブが拡大した土地なのだ。すおうから採れる赤または赤紫の染料は、古代から賞用された。

これまで述べてきたように、種子を運ぶことだけをとっても、植物の生存戦略は限りなく多様である。しかし、彼らはこの世界を自分の子孫で埋め尽くすことはけっして望んでいない。昆虫や鳥も含めたもろもろの生物世界のなかの一員として、自分の種族を残したいだけなのである。

蔓《つる》

「からすうり」が巻きつく

初夏の季節、我が家の玄関前の笹の茂みの上を、蔓草が巻き髭《ひげ》を伸ばして這《は》っているのを見つけた。

伸ばした巻き髭には、短い枝分かれが一本しか付いていなかったので、「すずめうり」（雀瓜）だろうと思っていた。あちらこちらで笹の茎や葉に巻きついて、ここまで登ってきたのだ。そのゼンマイ状の巻き髭の形は美しい（図1）。後になって、真夜中にだけ咲く白いレースを拡げたような花、そして艶《つや》やかな朱色の実を見て、「からすうり」（烏瓜）だとわかった（四三、四四頁参照）。

私は、巻き髭がどうやって綺麗《きれい》な螺旋《らせん》になるのか知りたくてスケッチを始めた。まず、精いっぱい手を伸ばしているような細い巻き髭の近くに、一本の細い枯れ枝を立ててやった。だんだんと巻き髭の先は枯れ枝に近づいてきた。その動きは巻き髭自身が動いているのではなくて、一枚の葉と一本の巻き髭が対になって付いている節の少し下の茎のあたりで、そこから先の若い枝全体を動かしているように見える。

初めは数センチ離れていた巻き髭の先は、一〇分後には枯れ枝に触れた。触れて一分後

葉と巻ひげが対になっている。巻きひげの螺線は、反転点から先は巻き径が
小さく、元に行くほど太い。先端がものをつかんだ
という情報が伝わっていく速度と関係している
のだろうか、それともひげの太さのためだろうか。
ひげのつけ根には、力を分布させる
形がついている。
1993/04/03

図1――― 笹に巻きつく「からすうり」。多年生の蔓草。葉と巻き髭は対になって互生する。巻き髭は先細りの真っすぐで、短い枝髭が数本加わる。普通は一年生だが、地下茎を残して越冬することもある。

には、巻き髭の触れた部分が曲がり始めた。ちょうど枯れ枝の枝が落ちた跡のところを、初めは緩く（図2a）、四五分後には一巻き半しっかりと巻きしめた（図2b）。そこまでは辛抱強く見ていれば動いていることがわかるくらい速かった。

それからはそのまま動きはなく、巻きついた部分以外は真っすぐなままだった。一時間ごとに見に行くが、なんの変化もない。一二時間後、巻きついた部分に近いところで緩やかなばねができ始めた。それは、右巻きばねが二巻きいったところで巻き方向が反転して、左巻きが二巻きするという形だった。それから節まではまだ真っすぐだった（図2c）。二四時間後には右巻き五巻、左巻き五巻、反転しているところは相対的に少し節の方に移動した。からすうり本体の茎は、強く枯れ枝の方に引き寄せられた（図2d）。

三六時間後には右九巻き、左九巻きになり、この巻き髭の仕事はほとんど終わったようだ。四八時間後には、もうひとつ先の若い巻き髭の新しいつかまり場所を見つけるために、ひとつ上の節の下が回転を始めている（図2e、f）。七二時間後には次の巻き髭が枯れ枝を巻き始めた（図2h）。

つまり、このa〜fの約四八時間が、からすうりにとって次の新しい一節分の生長時間に当たっているのだし、また、今巻きつくことに成功した一節に許された「持ち時間」でもあった。さわってみると、初めは柔らかだった巻き髭は、巻き終わったときには堅いしっかりしたものになっていた。

髭はどうして巻きつくのだろう

巻き髭が何かに触れるのは先端近くとは限らない。髭のごく付け根の範囲以外は、触れたところから先はそれに巻きつく。巻きつく動作の途中で先が別のものに触れれば、それ

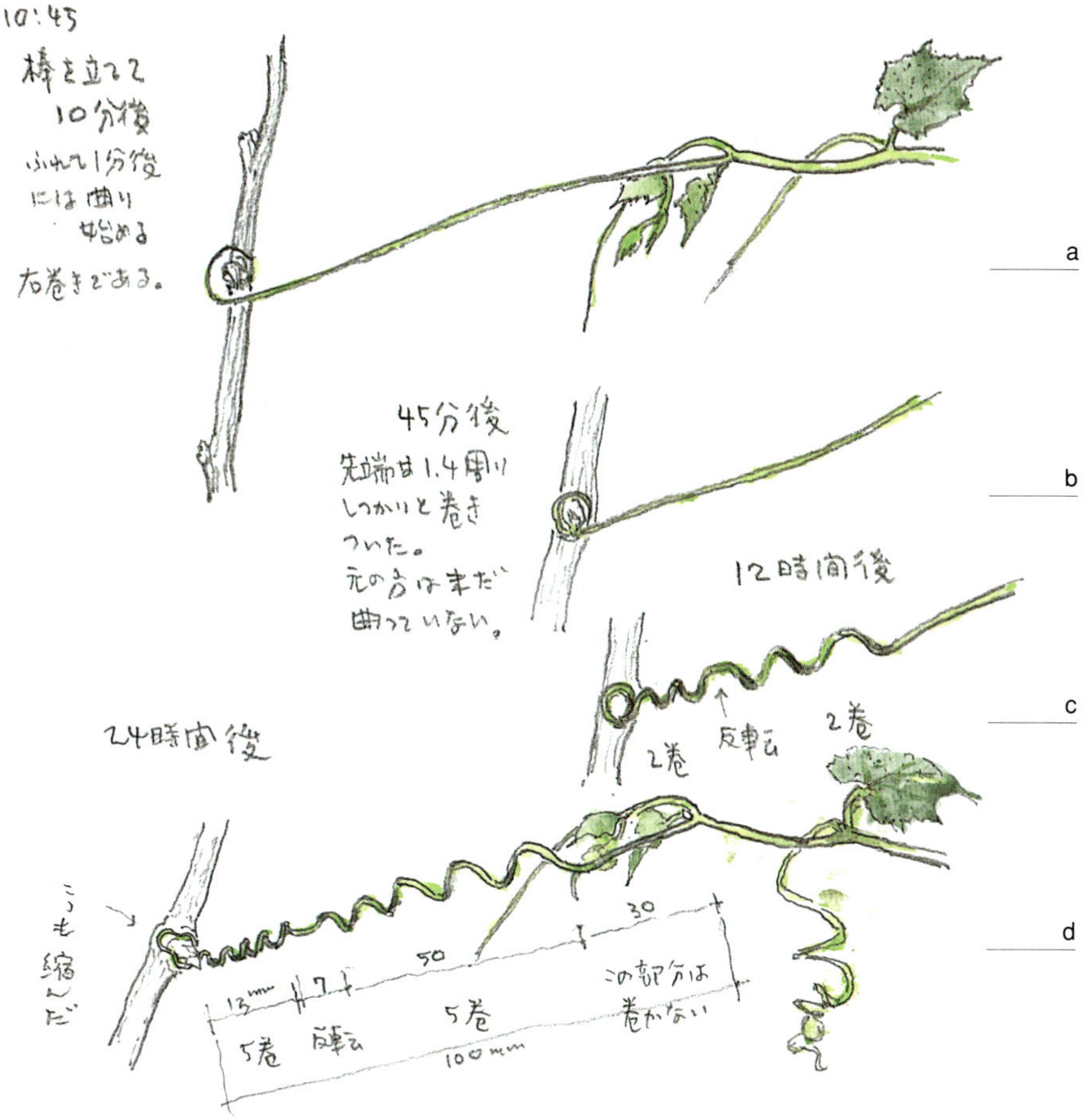

図2———— 巻き髭でものをつかむ

a 枯れ枝に触れて1分後、髭の先は曲がり始める。

b 45分後にはしっかりとつかんだ。それからは動きが止まったように見える。

c 12時間後、つかんだ近くがばね状に変形し始める。ばねの巻き方向は途中で反転している。

d 24時間後、ばねの巻き数が増えてくる。反転したところが回転するように、左右の巻き数は同数で増加する。髭の先ほど巻き径が細いのは、髭が細っているからだろう。つかんだところもさらにきつく締めている。右下に下がっているのは、つかまえるところを見つけられなかったひとつ前の巻き髭。

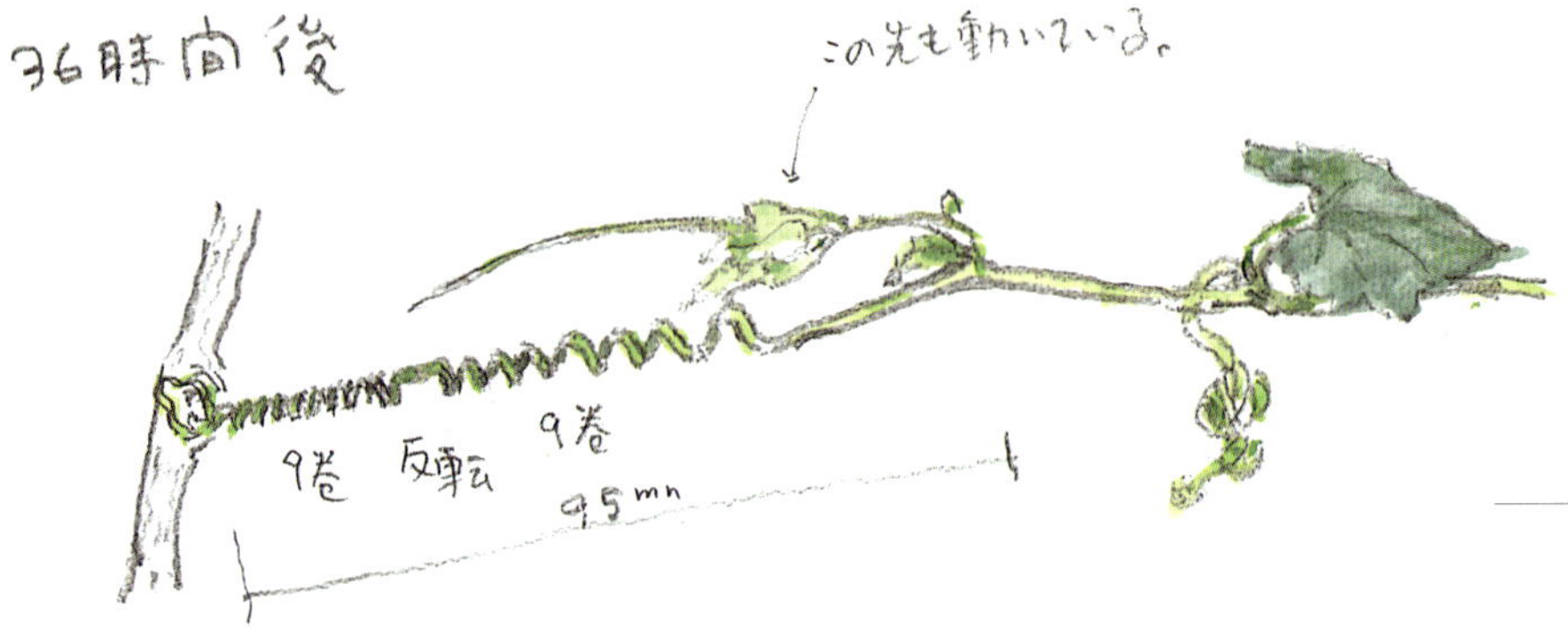

e

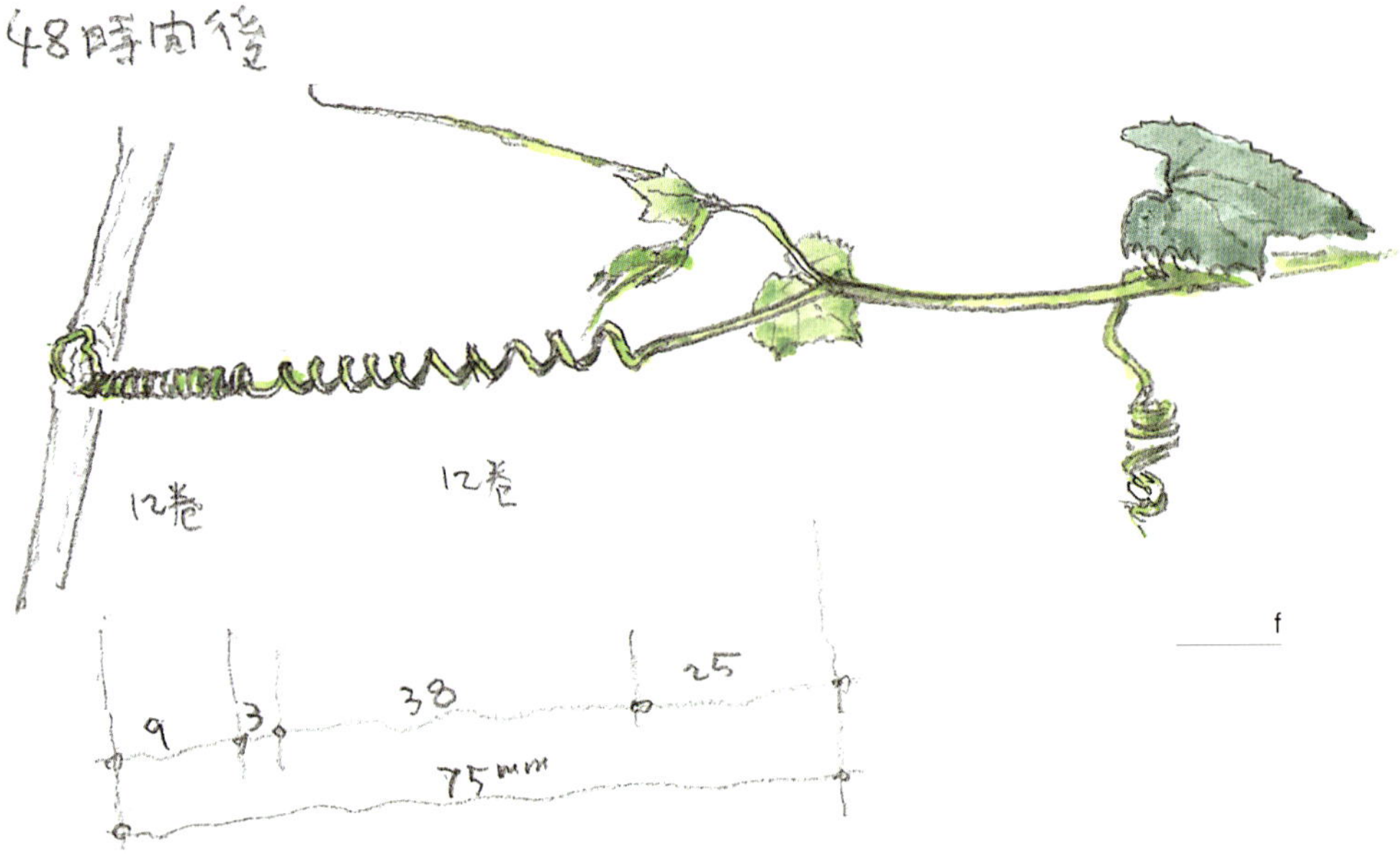

f

e　36時間後、ばねはいっそうきつくなるとともに、反転している点は相対的に根元の方に移動している。反転部の曲率もその前後のばね部分と同じで、特別な点ではない。しだれていた次の節は起きあがり、新しい巻き髭の相手を探し始めている。

f　48時間後、この巻き髭の仕事は成功裡に終わったようだ。次の節の時間が始まっている。

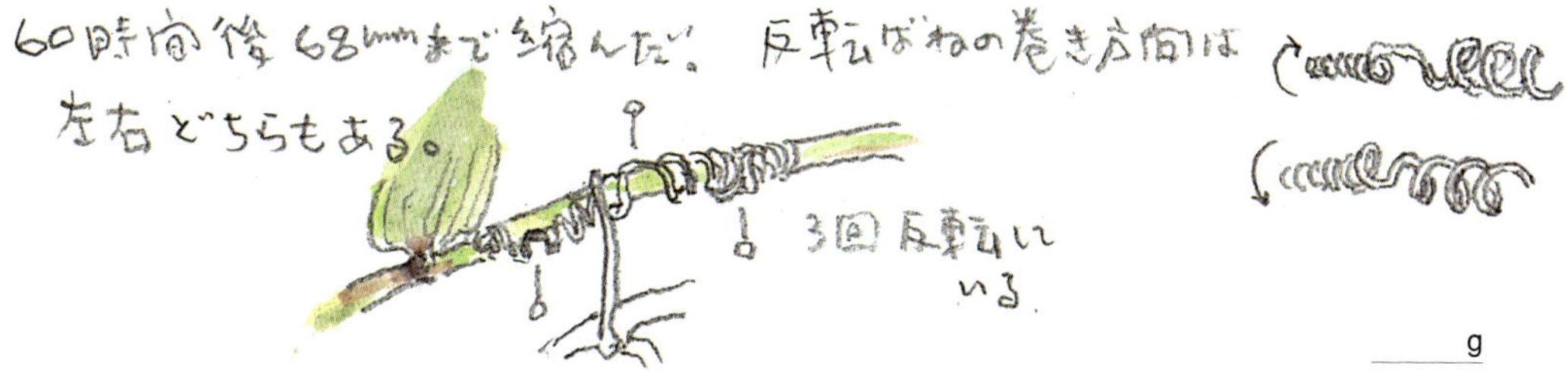
60時間後 68mmまで縮んだ。 反転ばねの巻き方向は
左右どちらもある。
3回反転している

g

72時間後
先端部の動き方向
次のひげ
今度は
左巻きで
ある。
1時間に
約180°

h

g　反転する部分の回る方向は一定していない。枝髭のある巻き髭が、根元の近くで笹をつかまえた。巻きつこうとしている間に、先がまた同じ笹に触れてしまった。結局、ばねには3個の反転ができたが、反転の方向は一定ではない。

h　72時間後、次の節の髭も枯れ枝をつかんだ。今度は近かったので、髭の長さの真ん中あたりから巻き始めた。

にも巻きついて、二つの反転ばねができる。そのとき、同じ一本の髭でも反転の方向が逆になることも起こっている。つまり、髭の先に近いほうが右巻きから始まるか、左巻きかは決まっていない（図2g）。自分に許された時間内につかまえるところを見つけられなかった巻き髭は、握りこぶしのようになって悔しさを表わす（図2d～h各図の右下）。

触れたものには何にでも巻きつこうとするだろうか。日本の山野の開けた傾斜地にはびこっている「くず」（葛）は、電柱には巻きつかない。くずはからすうりと違って、専用の巻き髭をもたず、茎で巻きつく。くずの茎の力では、電柱を一巻しようとするあいだにずり落ちてしまうから、さわっても止《や》めてしまう。電柱の撚線《よりせん》の支線は好みである。上まで巻き上がると絶縁障害を起こすから、電力会社は支線の途中に黒いバケツのようなものを取り付けている。バケツを越えて支線の先まで手を伸ばすには、茎の力では渡れない。バケツの中をのたうつだけである。

私のからすうりも、触れたことがある万年塀は無視してきた。巻き髭は万年塀に巻きつくことはできず、試みることもしない。

つかまるものの傾斜角にも好みがあるようで、水平に近いものは止めることが多い。金属や単線の針金もあまり好きではない。また、表面に多少の凹凸があるもののほうが好きなようである。市販の園芸用の支柱には、表面の樹脂に皺《しわ》やいぼいぼが付けてある。

どうしたらさわったものの曲率や傾斜を知ることができるだろう。大工が丸太細工の仕口を加工する（「ひかる」という）ときに使う道具がある。楊枝《ようじ》ほどの細い棒をたくさん一列に束ねたもので、それを丸太にあてがって曲線の形を写す。からすうりの巻き髭は見た目には艶があるが、光に透かしてみると細かい毛が生えていることがわかる。この柔らかい透明な毛がものに触れた情報を髭に伝え、その情報の分布が局在しているとき、好ましい対象物として情報が有効化される。もし、情報の分布が平坦に拡散しているときは否定されると仮定すれば、曲率や傾斜を直接測らなくても、蔓はさわっただけで対象を選択できることになる。

髭が有効な情報を得たとき、その情報はまずその部分を収縮させるように働くのだろう。髭は対象物の方向に曲がり始め、新しいところが接触しだす。そのことは対象を引き寄せる力にもなる。

水圧構造から木質構造へ

植物の若い部分は、主に液体の入った風船の集合によって形を保っている。根から送られてくる水と、細胞膜からの蒸散のバランスによって保たれているバルーン構造である。水の補給が滞《とどこお》れば萎《しお》れてしまう。しかし、ただの風船とは違うところがある。細胞膜の内側にそってセルロース繊維が分布していて、動物の筋肉よりは力も弱く動きも遅いが、細胞膜を動かして細胞の形を変え配置を整えることができる。われわれが食べる野菜や山菜はこの部分である。

バルーン構造は徐々に木質構造に変わっていく。セルロース繊維は増加し、繊維相互に橋がかかり、徐々に強固な木質構造に進む。もう萎れないし、ゆでても食べられない。それとともに植物体は丈夫になるが、フレキシビリティーは失われる。

巻き髭の得た情報は、細胞の収縮に続いて、木質化へのスタートを促すのではないだろうか。その情報は巻き髭のなかを節の方にも伝わっていく。

髭はなぜ反転するのだろう

私の見ていたからすうりの巻き髭では、ばねができ始めるまでに一二時間近くかかった。これは、情報の伝達と組織を転換する準備に必要だったのだろう。

情報は髭がものに接している面にそって速く伝わり、髭の断面全体に伝わるのは遅れるのではないだろうか。あるいは、初めから速く伝わる面が決められている（たとえば葉腋《ようえき》✦1の側）と考えてもいい（三一頁図2dの右下のつかまりそこなって握りこぶしになりかかっている髭の形から見ると、「決められている」としたほうがいいように思える）。速く伝わった面が収縮を始め、木質化が先行する。

先端近くでものをつかまえた髭は、反《そ》ろうとするが、つかまえたものと自分の体のあいだにあってすぐに反ることはできない。力が溜まってきたところで突然ばね化が始まる。ところが、一方はつかまえたもの、片方は自分の体、どちらも捻ることができない。そのとき髭が取り得るのは、途中で捻れる方向を反転させたばねの形である。反転した点を境に右巻き、左巻き同数あるから、髭は自分のなかで捻れを解消してしまう。反転の方向は最初の偶然のきっかけで決まり、どちらでもよく、事実どちらもある。

これは廻り階段を設計したことがある人ならわかることである。廻り階段の手摺《てすり》を矩形のパイプでやろうとすると、パイプの面が捻れてしまって具合が悪い。丸パイプなら捻れていてもわからない。直線のものが螺旋《らせん》になるとき、パイプの軸も捻れなければならない。「えんどう」（豌豆）もからすうりと同じく巻き髭をもっているが、複葉の先端の一枚が巻き髭になっている。反転したばねになることも変わりがない。支柱や張った紐《ひも》をつかみながら、ばねで体と葉を緩衝的に支えながら登っていくやり方は実に巧妙である。

✦1 葉が茎、枝と接続している部分。葉のつけ根。

どうやってつかまえるところを探すのだろう

からすうりの巻き髭を見ていたときに、つかまえる✦2ところを探すためにとても広い範囲をサーベイしていることがわかった。いろいろのことから、それは約一時間に一回転くらいの速度で、一定の方向に円錐面をなでるような規則的な動きだろうと予想していた。別の枝で同じ位置からスケッチをしてみた（図3a〜g）。

スケッチをしている間にも枝先と巻き髭は動いてしまう。動いているところ、つまり円錐の頂点は枝先から四つ目と五つ目の節の間にある。もっとも枝の先端はまだ葉に覆われていて、節の数は正確にはわからない。要するにすでに巻きついた髭の節と、その上の今つかまえるところを探している髭が出ている節との間の部分である。それから上の茎はしなだれたまま動きについている。前の巻き髭はまだばねにはなっていない。約一時間二〇分で一周した。髭は直径二四センチメートルの円の範囲をサーベイしたことになるが、今回はつかまえるものに触れることはできず、次の周回に入った。彼にはまだ持ち時間の残りはある。

髭の先端の動きを真上から見た図にしてみると、きれいな円を描いているわけではない（四〇頁図3g）。それに、平面上の角速度が一様でなく、とくに後半の一八〇度は非常に速い。この理由は、平面図の左下方向からの姿図で見るとよくわかる（図3f）。髭の先端は、ちょうど馬の鞍《くら》の縁を回るように、二回大きな坂を上がり下りしている。この枝先は、根元の方の茎とこの前につかまえた髭がつくる綱に乗っているようなものである。その綱は枝先と巻き髭の重さによって容易に捻れ、また円錐の中心軸にも傾きがあるから、大きな坂と小さな坂ができることになる。円錐運動を起こさせている動力は、この坂を枝先と巻

✦2
本文で私は、「つかまえる」「探す」などと擬人的な言い方をしたが、本当は正しくない。からすうりの場合で言えば、巻き髭がものに触れたとき、それが適切なものかどうか判別できる簡単な仕組みを用意して、イエスならば曲がり、その情報を節の方に伝える役を担っている。茎の方は、下から順に強化する過程を回転的に進行させる結果、そこから上の茎をゆっくりと動かしている。髭からの情報が届けば、たぶん節までの強化の速度を速めるだろう。この簡単な仕組みの機序（メカニズム）が、時間という不可逆の流れのなかに巧妙に組み合わされることによって、からすうりの生存にとって有用な結果が生まれているのだと思う。それを見ている私が、「からすうりがみごとに探してつかまえる」と感心しているのである。巻き髭のばねの形の美しさは、まさに力学が生んだものである。しかし、この簡単さは感嘆をいっそう深めるものである。

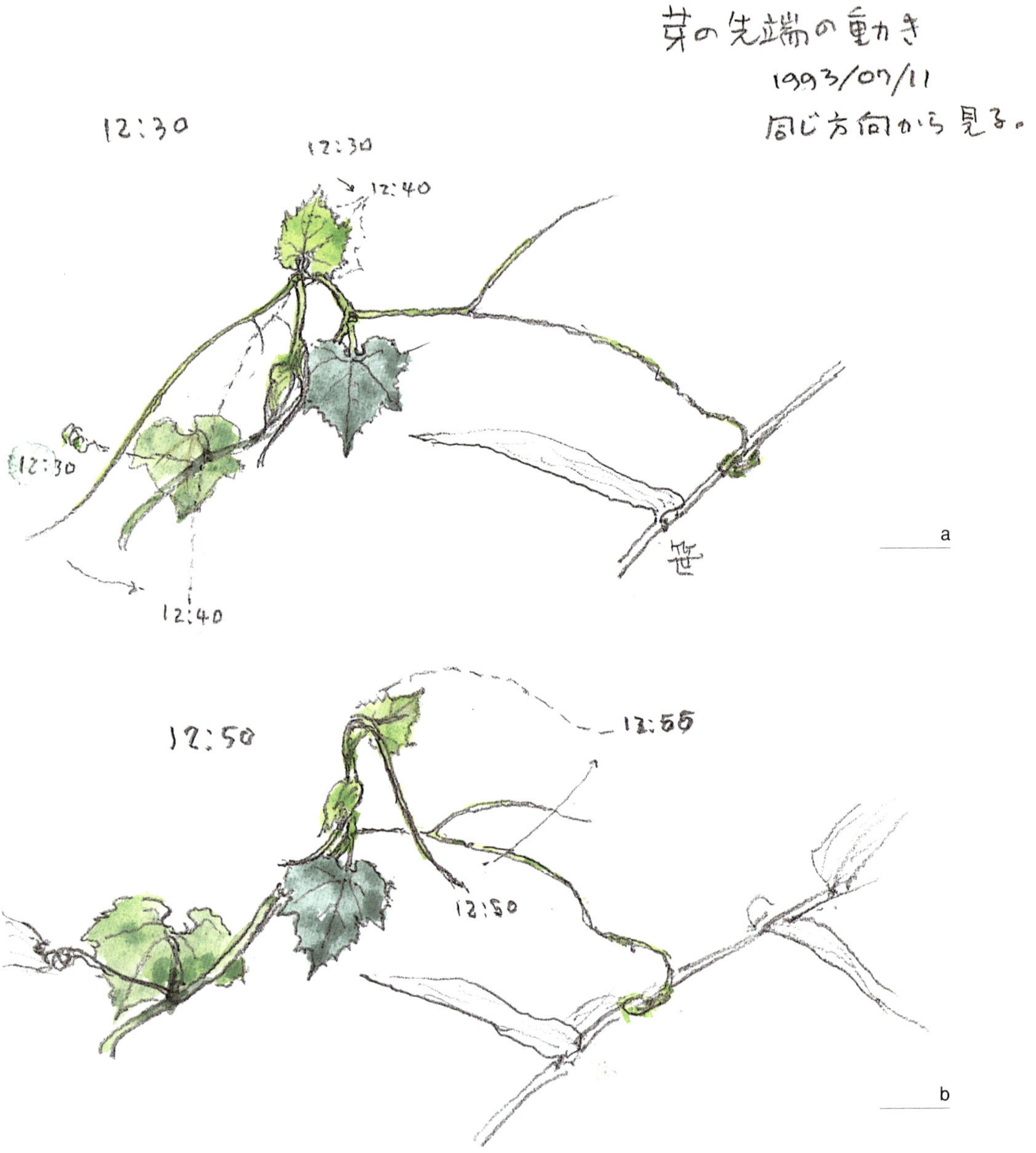
芽の先端の動き
1993/07/11
同じ方向から見る。
12:30
12:30
12:40
12:30
12:40
笹
a
12:50
12:55
12:50
b

図3

a　前の節の髭は笹をつかんだが、今ばね化が始まろうとするところ。今動いている部分は動き始めたばかりだと思う。手早にスケッチをしている間にも動いている。
b　回る方向は時計回り。この節より先の部分はしなだれている。

13:00
13:05
13:00
元の茎と枠をつかんだひげの線が、芽の動きでねじれる。

c

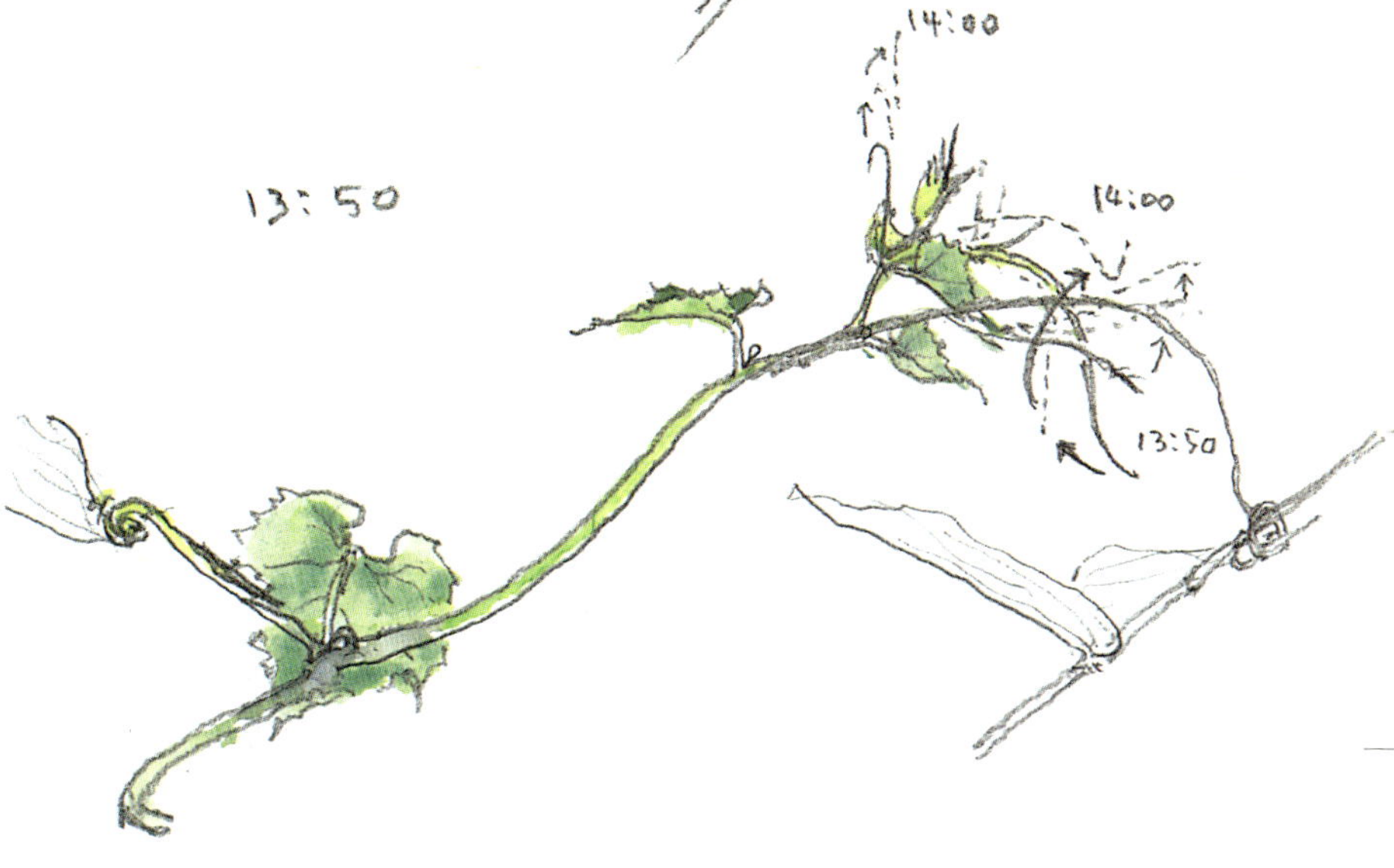
14:00
13:50
14:00
13:50

d

c　茎の元の方と前の巻き髭を結ぶ線を乗り越えなければならない。この軸は容易に捻れるので、その分の運動量も加えなければならない。

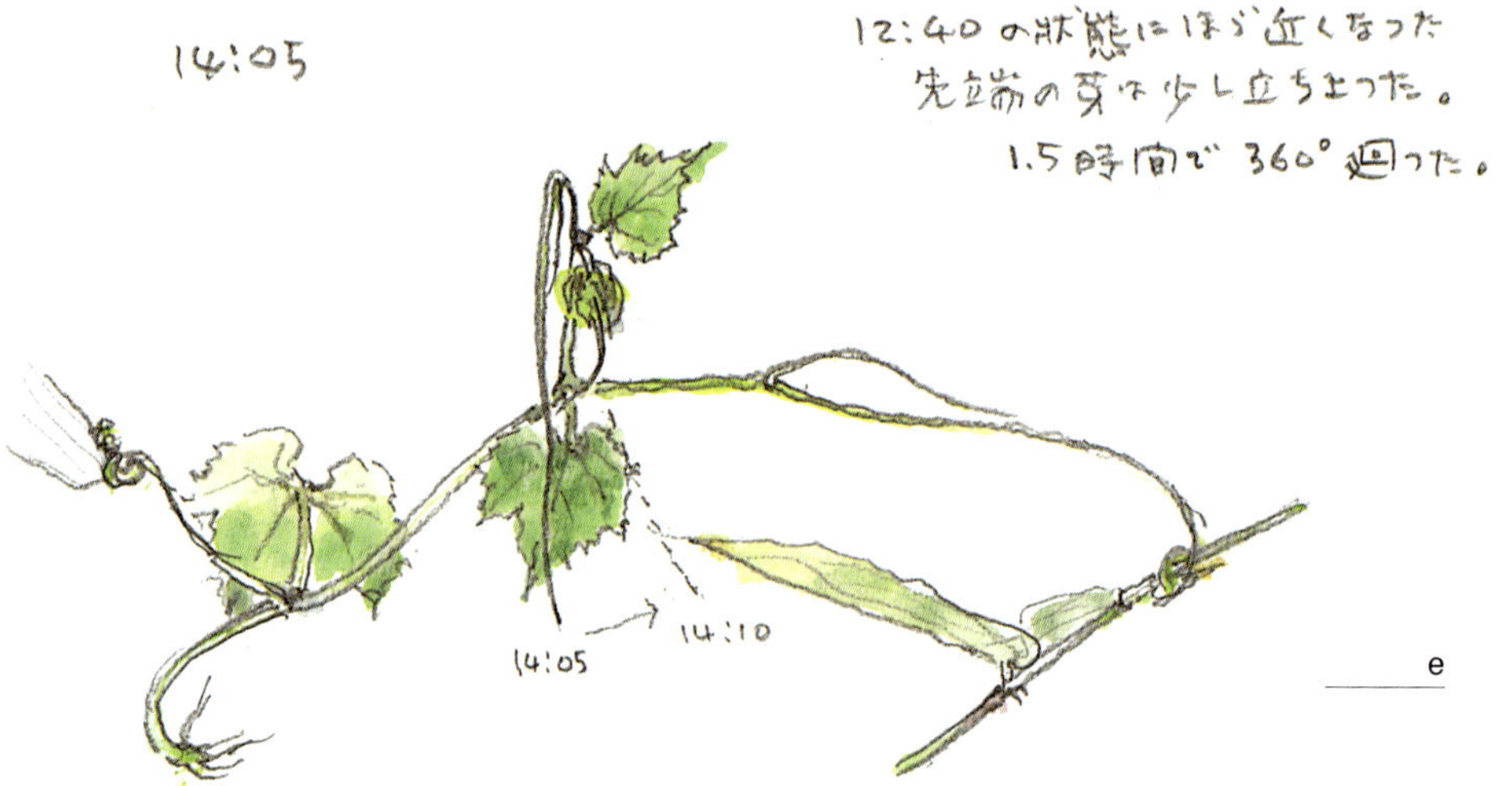
14:05
12:40の状態にほゞ近くなった
先端の芽は少し立ちよった。
1.5時間で360°廻った。
14:05
14:10

e

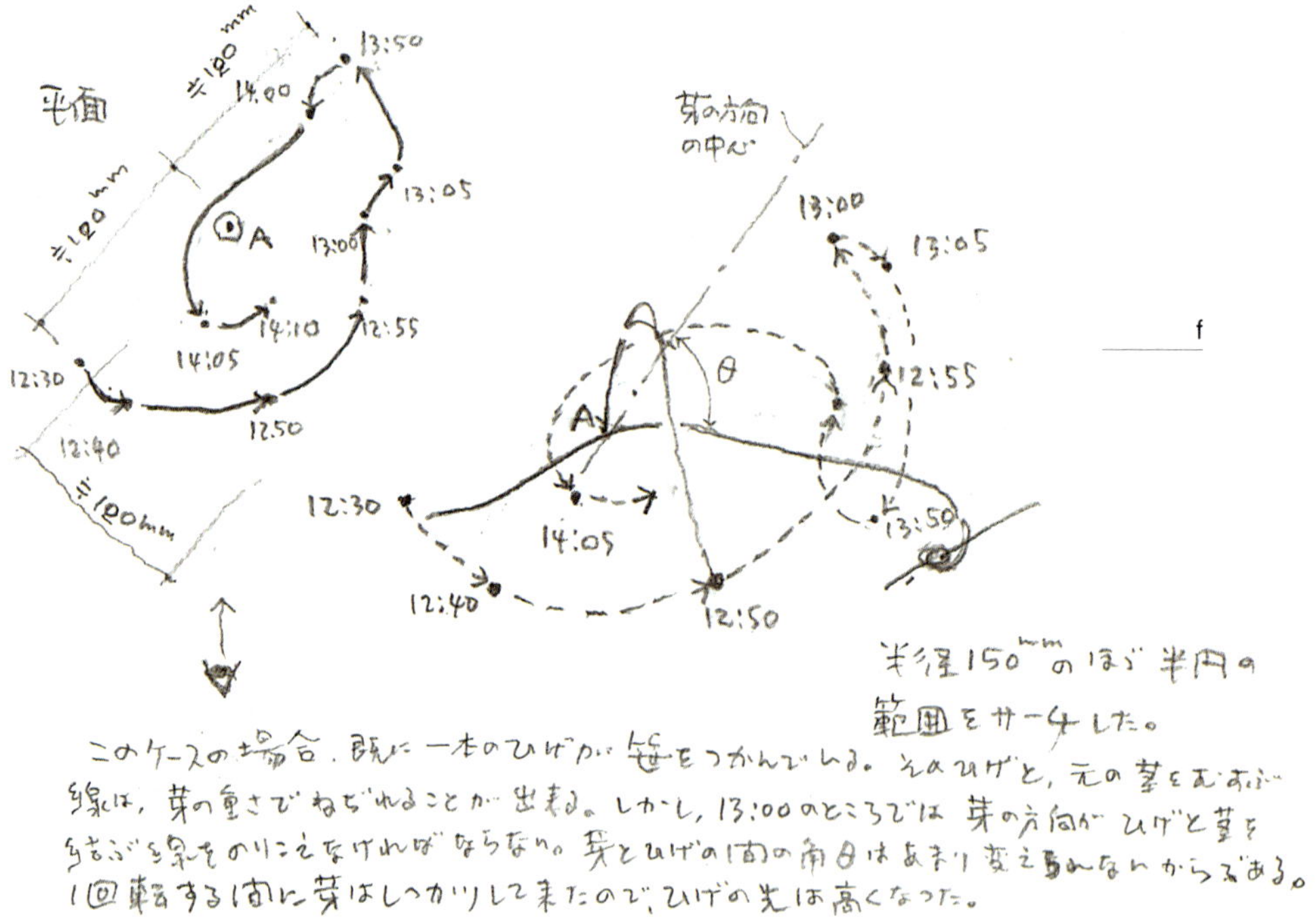
平面
≒120mm
≒120mm
≒100mm
13:50
14:00
13:05
A
13:00
12:55
14:10
14:05
12:30
12:40
12:50
芽の方向の中心
13:00
13:05
θ
12:55
A
12:30
14:05
13:50
12:40
12:50
半径150mmのほゞ半円の範囲をサーチした。
このケースの場合、既に一本のひげが竿をつかんでいる。そのひげと、元の茎をむすぶ線は、芽の重さでねぢれることが出来る。しかし、13:00のところでは芽の方向がひげと茎を結ぶ線をのりこえなければならない。芽とひげの間の角θはあまり変えられないからである。
1回転する間に芽はしっかりして来たので、ひげの先は高くなった。

f

g

e　乗り越えたが、軸の回転分の運動量をもらってしまったので、それを消化しなければならない。一見動きが止まったように見える。そしてまた小さな坂を上がる。

f　二つ目の坂を上がり詰めると、寝返るようにほぼスケッチの初めの位置に戻る。しかし、髭の先端は前より少し高くなった。

g　髭の先端の軌跡の平面図

き髭の重さを持ち上げる力を持っていることになる。

ではこの力はどのようにして生まれるのだろうか。からすうりの場合には左回転（反時計回り）した。もし、今動いている節の間で、その下の方から木質化が順次進行しており、それは茎の断面のなかで反時計回りに進行し、その部分が収縮・固化しながら上に進んでいると考えれば、この動きと力はそこから生まれることになる。

つまり、植物が急速に生長するためのフレキシブルな水圧構造の段階から、より強固な支持体である木質構造に移行する間の時間を利用して、その仕組み自体を巧妙に使っているのが蔓なのではないだろうか。

一回転が終わったときの巻き髭の先端の位置が前よりも少し高くなっているのは、木質化の進行によって茎の動く位置が上がってきたためだろう。

動くのは蔓植物だけではない

ずいぶん前のことだが、ふと、「柳の葉柄《ようへい》✦3は捻れていなければならない」と思いついて、裏庭の「しだれやなぎ」（枝垂れ柳）を見に行った。枝を何本もとってきて、一枚一枚の葉の葉柄の捻れ角度を測ってグラフを作ってみた。プラス、マイナスともに一八〇度にピークのある綺麗な対称形をしたカーブになった（図4、5）。

柳に限らず植物は枝に付く葉の出方に種による規則を持っていて、枝先が真上を向いているときには、どの葉の表にもよく日が当たるようになっている。ところが柳はしだれているから、そのままでは葉の裏側にしか日が当たらない。すべての葉の葉柄を捻って、葉の表を上に向き変えているのである。捻れ方向の左右は決まっておらず、めいめいが良さそうな方向に動いた結果、おおかたが一八〇度捻れたところで満足した。なかには二七〇

✦3 葉を枝、茎につける柄状の部分

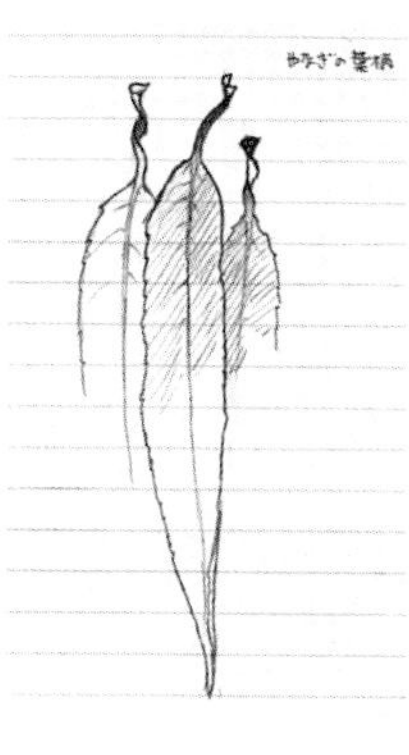
やなぎの葉柄

図4 ―― 「しだれやなぎ」の葉柄の捻れ。しだれる植物は、葉柄を捻らないと葉の表側に光を受けることができない。たいていは一八〇度捻ればいいわけだが、なかには二七〇度以上捻っているものもある。

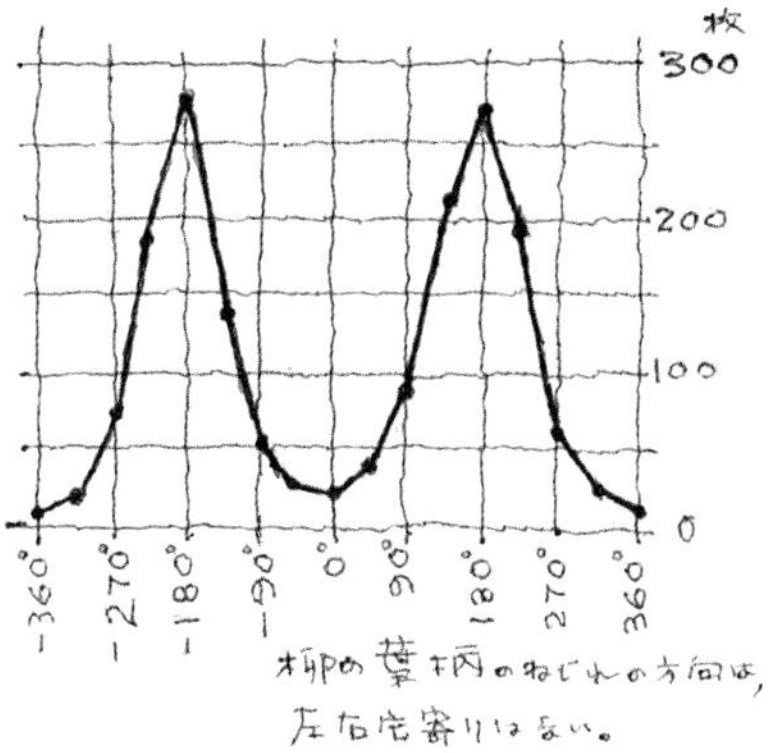
枚
300
200
100
0
-360°
-270°
-180°
-90°
0°
90°
180°
270°
360°
柳の葉柄のねじれの方向は、
左右に片寄りはない。

図5 ―― 「しだれやなぎ」の葉柄の捻れ角度の分布。たくさんの葉を調べてみると、捻れの量は左右いずれかに偏ることはない。

度以上回ったものもあった。
「柳散る」という季題がある。細長い柳の葉は、葉柄だけでなく葉も少し捻れてしまうから、新体操のリボンが回るように、くるくると回りながら落葉する。少し風があると、黄色い落ち葉が回転しながら、いっせいに斜めに走るから、ひらひらと散る普通の樹の落葉とは違って、独特の風情《ふぜい》がある。

柳だけでなく、「いとざくら」（糸桜）などしだれるものは、すべて葉柄を捻って葉の向きを変えている。それだけでなく、しだれない普通の植物でも、規則どおりでは葉に十分日が当たらないことも起きるので、葉柄を動かして向きを変えている。この葉柄の動きは、蔓がやっていることと変わりがない。葉柄だけではない。蔓植物のように動きは大きくないが、どの植物も若い枝先はより光の得られる位置を探して少し向きを変えている。そのことの繰り返しの結果が、自然な美しい樹姿をつくっていくのである。

われわれが「蔓植物」と呼んでいるものは、近縁の種のなかにだけあるのではなく、実に多くの種にまたがっている。しかし、より少ない消費でより多くのエネルギーが得られるという彼らの戦略が効果を持つためには、彼らより背の高い植物が先に生まれていなければならないことになるのだろうか。そうではなくて、人間が「蔓」と呼んでいる性質は、移動することのできない植物が、もともと持っていた植物共通の生長の仕組みを利用して、最少のエネルギー消費でより良い環境を選択する仕組みなのだろう。

図 6———— からすうりは多年生の蔓草。夜中だけ咲くレース飾りの付いた花が、甘い匂いを広げる。

からすうりの花と種子

通常「からすうり」の巻き髭は、一本の主軸の周りに数本の短い枝髭が付くものだが、わが家のものは一本だけ、まれにもう一本の枝髭が付く。「すずめうり」の巻き髭と似ていたことから、最初は誤認した。その後、夏にはたくさんの花が咲き、秋には艶やかな朱色の実を付け、雀《すずめ》ではなく烏《からす》だと確認した（図6、7）。

実の中には、数十個の黒い種子が入っている。そのひとつひとつが、蟷螂《かまきり》（とうろう）の頭にそっくりな形、目玉と口の突き出た三角形をしている。これが「からすうり」の種子の特徴である。漢方では、種子を天花《てんか》、根芋の澱粉を天花粉《てんかふん》といい、薬用にする。

花（雌花）はとても変わったもので、真夜中しか咲かず、夜明けには萎《しぼ》んでしまう。毎夜のようにひとつずつ咲くのだが、夜中だけなので、そのつもりにならないと見ることができない。長い筒状の先に白い五弁の花びらが開き、その先に糸状の網がゆっくりと展開していく。暗闇のなかに真白な投網《とあみ》が打たれたようで、甘い香りが広がる。網の直径は六センチメートルくらいで、葉柄につながる葉のU字の窪みに、長い筒を持たせかけるように咲く。雌雄異株だから、近くに雄株がなければ実はならない。

しかし、この属は別の繁殖方法も用意している。秋が近づくと、枝蔓の先は細く伸びて垂直に垂れ下がり、地面に届くと、もぐって小さな芋をつくる。こうして無性的にも株を増やすことができる。

ちなみに、「すずめうり」は雌雄異花だが、雌雄花は同じ株に付き、果実は灰色で、種子は扁平である。花の姿は「からすうり」と似ている。

からすうり
種子は蟷螂の頭
1998/10/19

図7――― からすうりの実。寒空に下がる朱色の実は、色も形も美しい。実のなかにはかまきりの頭のような形の黒い種子が詰まっている。

しだれる

しだれる白樺

北ヨーロッパからスカンジナビア半島にかけて、しだれる白樺がある。日本の「しらかんば」（白樺）とよく似ているが、白い樹皮がめくれにくく、幹に付く逆V字形の黒い斑《ふ》が濃く、よりはっきりと見える。この斑はどの種の樹にもあるもので、枝が分かれているところや枯れた跡にできる、生長にともなう樹皮の「縫い合わせ」の跡である。樹皮が白いためによく目立つ。「おうしゅうしらかんば」（欧州白樺、英名Silver birchまたはWhite birch、独名Birke）という種である。

時に三、四メートルもある房のような枝が、地面を擦《す》るまでたくさん下がることがある。ストックホルム郊外のカフェテラスの、垂れ下がる枝の間に置かれた涼しいテーブルで昼食をとったことを思い出す。デンマークでも同じようにしてお茶の時間を過ごした。

欧州白樺がこんなにみごとにしだれるのは、独立樹（はなれぎ）の場合に限られている。不思議なことに林のなかではまったくしだれず、遠目には日本の白樺と区別がつかない。欧州白樺の純林や他の樹種と混交した林はたくさんあるが、しだれるのは林縁に育った白樺だけである。それも一、二メートルの垂れ下がりで、カフェテラスの独立樹のようにどっしりした重さの枝ではない（図1、2）。欧州白樺は、明らかに育った環境によってしだれる形としだれない形を選び分けている。しだれる形になると枝は細く長くなり、葉はやや細かく多くなる。

北ドイツからオランダに入ると、この樹は見あたらなくなった。極北の花崗岩の岩盤に載った薄い表土層、そんな風土が好きなのかもしれない。フィンランドでは合板、材が軽いので木靴にしたり、樹皮は皮のなめし用、薬用などの用途がある。しかし、もっとも多く使われるのは暖炉の薪《まき》としてである。

あの皮の白さは表面の木蝋《もくろう》質によるもので、裏側はサーモンピンクをしている。「樺色《かばいろ》」という日本の色名はそこからきている。樹皮は毎年一枚ずつ内側につくられて加わる。できたてはしなやかで、横方向には数倍まで引き延ばすことができる。しかし、樹は太くなっていくから、一番外側になった皮は耐えきれなくなって、切れて樺色を見せてめくれ下がる。私たちはそういう白樺を見ている。蝋を含んでいるので、雨のなかでも使えるたいまつになる。

芸大に通っていた頃、上野公園を歩いていると、森の樹々からひときわ高く抜きんでた老銀杏《いちょう》が目についた。そのなかには、高い枝が明らかにしだれているものがある。枝先が垂れ下がっているだけではない。しだれた樹形に共通する特徴が表われて、幹に近い枝の元近くの部分が上下にうねる形になっている。「いちょう」は針葉樹に属していて、普通にはしだれる樹ではない。支配樹としての地位を得てから、しだれる性質が表われてきたのだろう。林間環境という穏やかなところから突出することは、けっして有利なことではない。むしろ出た部分はしだれたほうが、周囲の樹冠層《じゅかんそう》✦1と連続することができる。

✦1
樹が枝と葉を付ける幹の上の層。

図 1——— しだれる林縁の欧州白樺。アスプルンド設計の葬儀場にて。林縁のものはしだれるが、林のなかではまったくしだれない。独立樹では地面を擦るほど垂れ下がる。幼樹期にはしだれていない。

図 2——— 黄葉する欧州白樺。リレハンメルにて。9月というのに昨夜山に初冠雪。しだれる白樺の黄葉が始まっていた。

幹を伐られて しだれる形に変わる

スウェーデンの建築家アスプルンド✦2の名作、葬儀場（写真1）のデザイン上の大切な要素になっている白壁に覆いかぶさるようにしだれて影を落としている樹は「しなのき」、または「おおばぼだいじゅ」である。駅から葬儀場までの道も、同じ仕立てのしなのきの数列の並木で覆われている。英名Linden またはLime、独名Linde、ヨーロッパには数種あり、街路樹や庭園樹として広く使われている。シューベルトの歌曲「泉に沿いて茂る菩提樹」はこのリンデンバウで、日本では菩提樹《ぼだいじゅ》ともいう。その樹の下でお釈迦様が悟りを開いた（菩提を成就した）という、インドの本物の聖樹菩提樹は、まったく別種の樹「インドぼだいじゅ」（くわ科）である。普通の葉は左右の膨《ふく》らみが違う非対称なハート形であるが、船形の細長い特別な形の葉の中程に、「お葉付き」の花と実を付けるのが、しなのきの仲間の特徴である（図4）。杢目《もくめ》が目立たないので、ペンキ塗りの下地に使うシナ合板はこの材で作る。また拭《ふ》き漆《うるし》をかけると、薄絹が舞うような美しい杢目が表われてくる。

しなのきも普通にはしだれる樹ではない。アスプルンドのリンデンバウは、すべて直立した太い幹が適当な高さですっぱりと伐られている。そうすると、伐り口から出る不定芽《ふていが》✦3はしだれるように変わってしまうらしい。よく見ると、遠景の白樺林の縁にそって配された噴水のような形の白樺も幹が伐られていた。アスプルンドはこの仕立て方がお気に入りらしく、彼の設計した図書館の前のリンデンバウも同じ形をしていた（図3）。

最近、「けやき」（欅）もしだれることがあるのを知った。八王子の産業道路という名の商店街の街路樹が、両側数百メートルにわたってしだれていた（写真2）。商店の人に聞いてみると、あまり大きくなって日陰や落ち葉の苦情が多く、去年、市役所がばっさりと伐

✦2 スウェーデンの建築家（一八八五―一九四〇）。初期の作品ではストックホルム市立図書館が知られる。一九三〇年のストックホルム博覧会では鉄とガラスを有効に使用して近代建築家の名乗りをあげるが、晩年に完成したストックホルム火葬場では、その端正なたたずまいにおいて再び古典に立ち返った。

✦3 種子植物の芽ができる場所は通常、茎の頂部や葉腋で、そこにできる芽を定芽といい、それ以外の場所にできる芽を不定芽という。

図3―――しだれる仕立てのリンデンバウ。ストックホルムの図書館(アスプルンド設計)の周囲には、幹を伐ってしだれる仕立てにしたリンデンバウが植えられている。葬儀場にも同じ仕立てのリンデンバウや白樺が使われている。枝の付け根の方がうねうねとした形になるのが、しだれる樹形の特徴。

図4―――リンデンバウの葉。左が普通の葉。左右が非対象。右は「お葉付き」の実。プロペラのように回転しながら落ちる。

写真1―――アスプルンド設計の葬儀場としなのき(左)(撮影/下村純一)

り詰めたら、こんな形になったという。それまでにも枝下ろしはしていたが、こうはならなかったという。幹も大枝もずたずたに伐られたところから、細い枝が二、三メートルの長さの束になって、塊のように垂れ下がっていて、初めは欅だとは思えなかった。アスプルンドのリンデンバウと同じ現象である。

秋になってもう一度見に行った。春に出たしだれた枝の房はそのまま残っていたが、その後生長した夏芽の枝は大部分しだれない正常な枝に戻っていた。しかし、四分の一ほどの樹では新しい枝もうねうねとし、乱雑に見えるしだれる樹形になっていた。何年かしてしだれない形に戻るかどうか興味があるところである。

「しだれる」と「しだれない」

「しだれる」という性質は、必ずしもある樹種に固定的にあるものではないらしい。「しだれやなぎ」（枝垂柳）や「いとざくら」（糸桜）のように、種や系統がもっている性質と思われる場合もあるが、欧州白樺や銀杏の大樹のように生育環境によって表われる場合や、しなのきや欅の例のように、幹を伐られるという樹にとっての大きなアクシデントによっても発現することがある。

これら、「先天的」であれ「後天的」であれ、枝先がしだれて垂れ下がる形をとった樹には、しだれない樹とは違うもうひとつの樹形の特徴が共通して表われる。それは、幹から分かれる枝の根元付近に表われる。間欠的に枝を上に引き上げるようなうねうねとした形ができてくる（図5）。

枝先が細く長く垂れ下がるようになることと、枝の根元近くを持ち上げることとは、しだれるという現象のなかで同時に表われる一対になったものである。

図6———— からまつ。しだれない樹は、枝を経年的に下げながら空間を広げる。上の方の若い枝から下の古い枝になるほど幹との角度が大きくなる。

写真2———— 八王子の欅の街路樹。過度な剪定〈せんてい〉の結果、春芽の枝はいっせいにしだれる樹形に転換してしまった。大部分の樹では夏にでた枝は正常なしだれない形に戻ったが、一部の樹ではしだれる形を残している。

図7———— 冬枯れの糸桜の大木。落葉とともにしだれた枝の一部も枯らして落とす。残った枝は立ち上がり、新しい枝を先から垂らす。

図5———— 糸桜。しだれる樹は、枝を引き上げながら空間を拡大させる。しだれる樹では、枝を間欠的に引き上げてゆくので、枝にうねうねとした曲がりができる。

「あて」を含んだ部分の材は、軸方向の強い歪《ひず》みを不均等に内蔵している。伐って材として使おうとすると、蓄えられていた力が放出されて、激しい曲がりや割れが表われる。建築や木工では嫌われる部分である。

「しだれる」ということは、たんに枝が細いので重さで垂れ下がるという受動的なものではない。「しだれない」ことを含めて、植物が巧みに組み立てている能動的な戦略のひとつなのである。

欧州白樺は、この二つの戦略を生育環境によって使い分けている。銀杏《いちょう》の場合には、周辺での支配的地位を獲得すると、隠し持っていたしだれるやり方を取り出してきた。幹を伐られたしなのきは、将来性を失ったしだれないやり方を捨てて、しだれる戦略に転換せざるを得なかったのではないだろうか。「先天的」にしだれるほうを採っているように見えるしだれ柳や糸桜でも、幼樹のときはしだれておらず、生長の途中で変わるようである。

枝先と枝元が連携して変わる巧妙で複雑な戦略の転換を、環境と連動して切り替えられるということは不思議なことである。しかし、いったんしだれるほうを選んだ樹が、しだれないほうに変わることはむずかしいのではないだろうか。

しだれ方の個性

京都の北、常照皇寺《じょうしょうこうじ》の地面にまで届く無数の糸を垂らした樹齢数百年のしだれ桜、身《み》延山久遠寺《のぶさんくおんじ》に数多くあるしだれ桜（写真3）の大樹の糸はそれよりは短い。どちらもみごとなものだが、枝のしだれ方には微妙な違いがある。確かにしだれてはいるのだが控えめで、枝も細くならない樹もある。樹齢の違いによるだけでなく、樹による個性の違いがある。しだれ桜または糸桜と呼ばれるものは、そういう樹種があるわけではなく、「えどひがん」（江戸彼岸桜）の園芸用品種で、ある個体または系統が持っている特徴を、平安時代

写真3――――身延山久遠寺のしだれ桜（撮影／奥田實）

以来の人為的な選別によって定着させたものである。

しだれ柳はひとつの種とされているが、この場合にも垂れ下がる枝の長さにはかなり個体差がある。その結果、葉の捻れ度合いが違うので、柳散る風情にも樹によって違いが出てくる。

ヨーロッパでは、柳は悲しみを表わすとされ、'to wear the willow'は失恋を意味するという。アスプルンドの葬儀場のリンデンバウのしだれる仕立ても、悲しみを表わしているのかもしれない。日本人はしだれる樹に何を感じるだろう。優雅さか、腰の低さか。生きるためのしたたかさと見ることもできる。

枝分かれと部分の枯死《こし》

■樹の生長

植物は枝分かれしながら生長する。しかし、そのシステムをパソコンの中でつくろうと試みると、次項の「パソコンの中で育つ樹形」で述べているように、初期のプログラムでは描かれた樹形は歳をとってゆかず、やがて行き詰まって進まなくなってしまった。パソコンの上では、あたかも枝分かれし、枝が増え、細くなり、しだれもするが、それは描かれたものにすぎない。時間の経過、植物と環境との応答と葛藤が、プログラムには含まれていないのである。植物にとっては外の光だけではなく、自分がつくる陰も環境を変えていく。「時」をプログラムに書き込まなければならない。

植物がもっている生長システムは、高校野球のトーナメントを逆に辿るのに似ている。優勝者を根元として枝先へ、時間の動きも反対である。枝分かれの仕組みにもいろいろある。さらに重要なことがある。植物の生長のシステムには、枝分かれと同時に、部分の枯死を忘れることができない。枯死がなくして生長を続けることができない。そのことに気付いていなかったことが、初期のプログラムの行き詰まりの主な原因であった。

実際の植物の性質を観察し、単純化してみても、もちろん本物の植物の生長を辿れないが、何かしらの植物の性質を表すことはできよう。

本稿「枝分かれと部分の枯死」では主に観察を、次項「パソコンの中で育つ樹形」ではそのプログラム上の処理と結果を説明する。

■分枝数

春いっせいに芽吹き、この一年の樹形の基本の形を決める分枝システムは、四つの要素で捉えることができる。

そのひとつが分枝数である。ただ二つに分かれる二分枝、「三椏《みつまた》」の名前の通りきれいに三本に分かれる三分枝、「松」は中心の一本とそれを一重または二重に取り巻く放射分枝、その他に「仮軸分枝《かじくぶんし》」と呼ばれるものがある。仮軸分枝というのは、枝分かれした子枝の一本が、本来ならば次に述べる最優性の位置にありながら、花と果実を付ける役目に切り替わるものをいう。その枝を仮軸枝《かじくし》、その性質を仮軸性《かじくせい》という。分枝システムと分枝数の種類はまだ他にもあるが、ここでは省略する（図1）。

■優性枝と劣性枝

二つ目が、分かれた枝に優性、劣性の序列

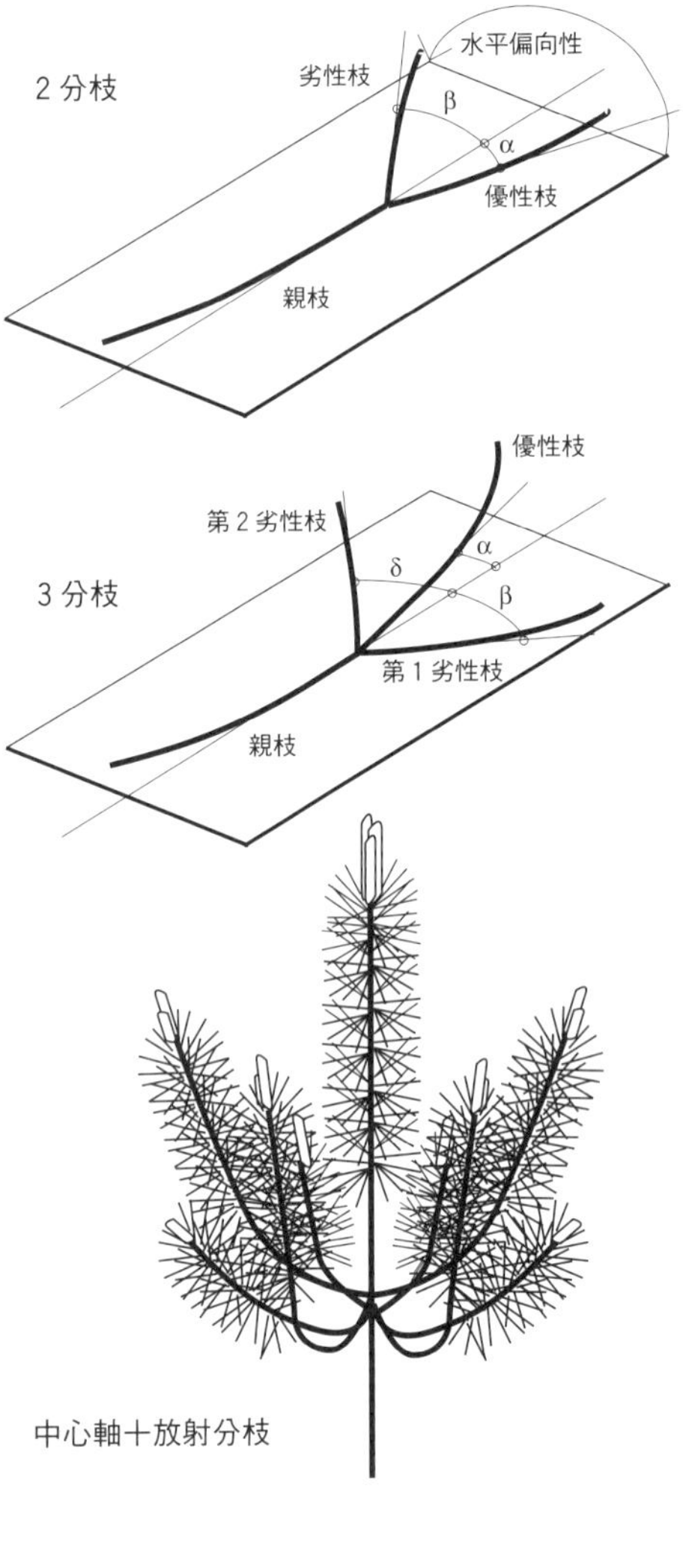

図1―――――分枝システム
上段は2分枝系。親枝の方向を基準として、優性枝は、少ない角度（α）で分枝し、大きい生長率を持つ。劣性枝は、優性枝よりも大きい角度（β）で分枝し、少ない生長率を持っている。
中段は3分枝系の「三椏」の例。優性枝は、2分枝系と同じく少ない角度（α）で分枝し、大きい生長率を持つ。第1劣性枝は、優性枝よりも大きい角度（β）で分枝し、少ない生長率を持っている。第2劣性枝は、優性枝よりも大きい角度（δ）で分枝し、さらに少ない生長率を持っている。
下段は中心軸十放射分枝系の「松」の例。親枝の延長方向に中心軸分枝が立つ。もっとも生長率が高い。放射分枝のうち約4本は相対的に優性で、その他は劣性である。主軸以外の分枝は樹全体の老齢化が進むと減少する。

が付くことである。普通は、分かれる前の親枝の方向にもっとも近い方向に出る子枝が最優性で、一番生長率が高い。松の場合も、中心の一本が最優性で、放射状の子枝は約四本の相対的に優性な枝とその他の劣性な枝に分かれる。

「車輪梅《しゃりんばい》」は中心の枝は一般に仮軸枝になっていて、花と実を付け終わると消滅してしまい劣性を示す。車のスポークのような放射状の分枝が優性で、お互いの間では親枝にもっとも近い方向のものが最優性である（図2）。「花水木《はなみずき》」も仮軸性で、中心の枝が三、四枚の葉を付ける、あるいは花や実を付けた後に枯れてしまう。その仮軸枝以外は二、三分枝し、それぞれに優劣の序列が付く。ここまでの分枝数、優劣の序列と仮軸性は、植物の種によってかなり厳密に決められているが、後に述べる「幹性」と関連してある程度フレキシブルに変化することがある。

■分枝角度

三つ目は、親枝の方向に対して、分かれた各々の子枝のとる角度と方向である。仮軸枝の場合を除いて、一般には優性の序列が低い

図2――――仮軸分枝系のしゃりんばいの例。親枝の延長方向にもっとも近い角度の枝(本来は最優性枝となる位置にある枝)は、花・実を付けた後枯れてしまう短い劣性枝になることが多い。しかし、樹全体の生長が行き詰まると、普通なら花や実を付けた後枯れてしまうはずの枝が、突如最優性に変わり、非常に高い生長率を持つ枝(徒長枝)を出すようになる。

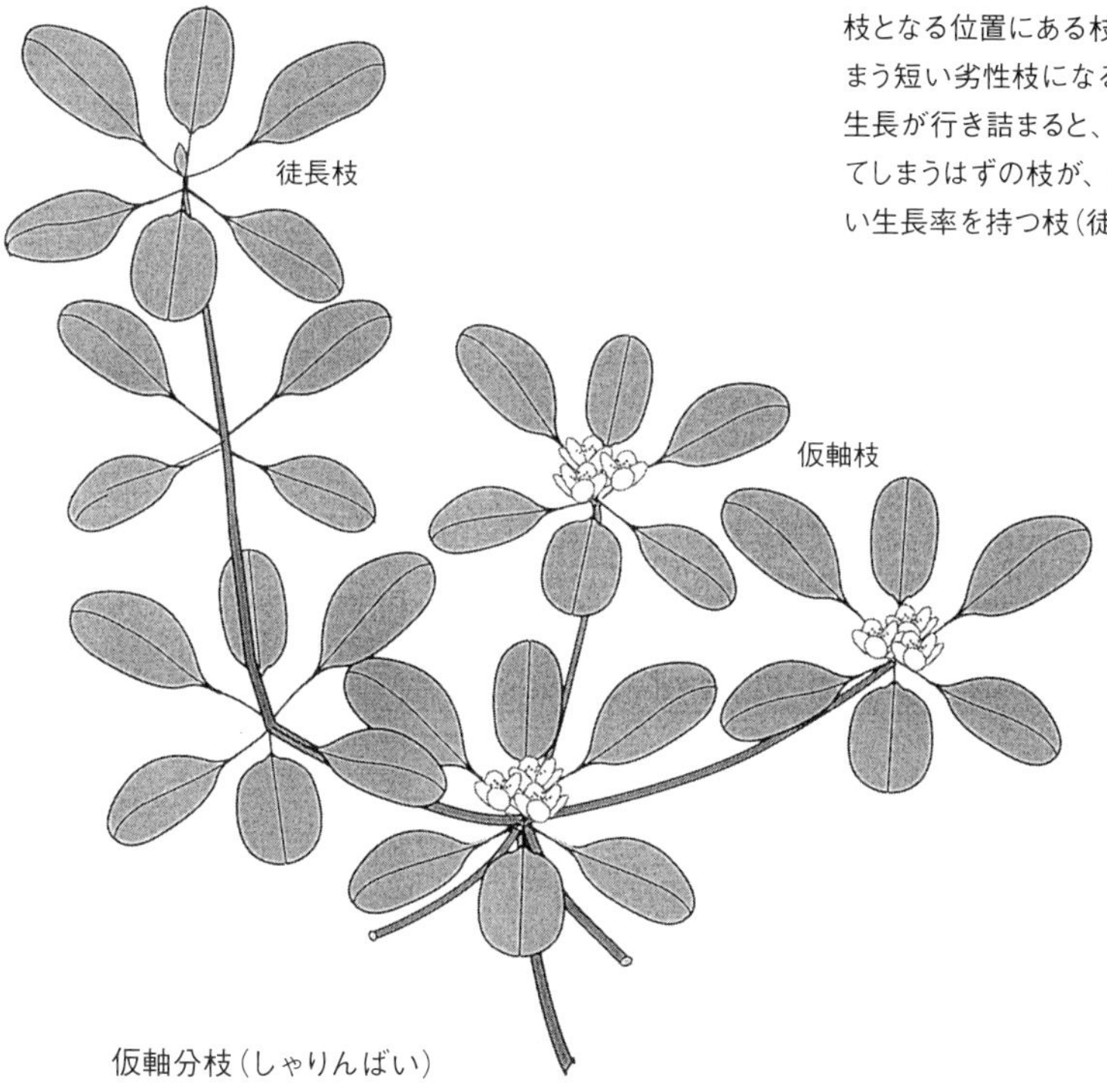

ほど親枝との角度は大きくなる。子枝相互は立体的な関係にあるので、親枝の方向から見た場合にも優性~劣性の配置に展開する。仮軸枝は普通には最優性の枝の方向を向きながら、生長率はもっとも低い。

ここまでの説明は、一組の親枝と子枝のなかでの相対的な位置関係である。分枝数、優・劣性区分と伸び率、親枝との分枝角度の配置とを説明してきた。

■重力の方向による補正

次の四つ目は、その枝分かれした形一組の空間的方向が、重力とどうかかわっているのかということである。

たとえば、親枝の方向がほぼ真上に近い場合には、子枝の展開方位は、その樹がそこまで生長してきたシステムの延長によって決められる。これは軸の周りを回転しながら枝葉が付く位置の規則性である。これを「葉序の展開形」という（図3）。親枝の軸方向が真上を向いているときはどの枝葉も陰になることが少ない。しかし、親枝が傾斜すると、葉序に従った位置から発生した子枝や葉柄もその向きを動かす。

鉛直からの親枝の方向にかかわらず、親枝に対する子枝の展開角度が影響を受けないものは、針葉樹のような円錐形や、一般のドーム型の樹形になる傾向がある。ここではこの性質を、枝分かれに「水平偏向性がない」ということにする。

しかし、「楓《かえで》」のような樹種の場合には、親枝の方向が鉛直から倒れて水平に近づくほどに、子枝の展開面は水平面に近づく確率が高くなる。これを「水平偏向性が高い」という。その結果、樹全体の姿は「棚引いた」ようになり、林間の横からの光が奥深く入りやすくなる。仮軸枝に上向きに花を咲かせる「花水木」にとっては、子枝の展開面を水平にする必要がある。「樺《かば》」などのように、親枝の傾斜角にほとんど影響されない樹種、「松」やその仲間のように、分枝システムそのものが軸対称で、少なくとも若いうちは自分のシステムを固く守っているものも多い。

これらの分枝システムの上に、別稿で述べている「しだれる」や、「蔓性《つるせい》」等の性質が加わって、その種特有の樹形を形成していくことになる。しかし、これだけでは樹は生長を続けることはできない。

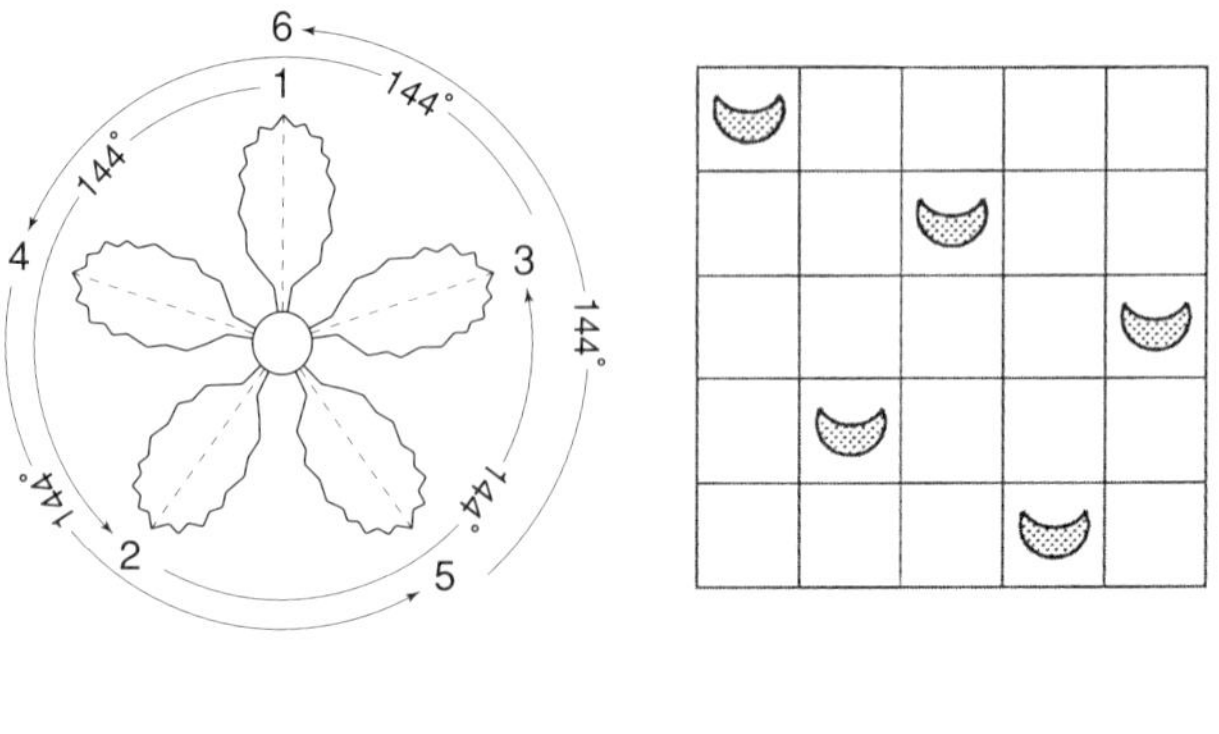

図3——葉序の展開形
図は「菊」の二／五葉序の例で、軸の周りを、角度一四四度で二回転して元の方向に戻る枝葉の付き方である。軸を縦に切り開くと、将棋の桂馬の跳び方と同じに見える。二／五展開形がもっとも多いが、他の分数関係もある。

■生長と部分の枯死《こし》

樹の生長にとって、枝や葉が枯れ落ちるということはもうひとつの大切なことである。枝分かれしながら個体全体としての生長と、部分を枯れ落とすことの繰り返しは、一対となって「生きる」プログラムをつくっている。

年ごとの新しい冬芽の枝分かれが何本あろうとも、また、夏芽をどれだけ追加しようとも、生長した樹の大枝の枝分かれを見ると、大部分のところで枝は二つに分かれているだけである。新しく生まれてきた枝の大部分は既に枯れ落ちていて、結果的に、やがて一本の枝だけが生き残る。それが独立した「幹」である。

今年生まれた枝は、毎年少しずつ太ってはいくが、軸方向には決して伸びないから、今、大枝だけになっている樹冠の内部も、かつては何段階もの無数の枝と葉が占めていたに違いない。樹の生長とはこの繰り返しである。だから、分枝数の多いものほど枯れ落ちる数も多くなければならない。あるところから先は、毎年新しく分かれた枝数とほとんど同じ数の枝が枯れ落ちることになる。

簡単な二分枝の冬芽だけで考えてみよう。開けたところに生えていれば、初めのうちはどの枝先と葉も充分な光が得られる。一〇年目には、枝先の数は一〇二四本になる。次の年にはその二倍になるから二〇四八本、枝の長さも一年分伸びるが樹冠の表面積は少ししか増加しないから、枝先とそれに付く葉は段々込み合ってくる。

葉は自分が光を受け取ると同時に、他の葉に対しては陰をつくる。陰になる時間が増えた葉は光合成効率が低下する。自分が生きているために必要な呼吸や生存のための消費が賄《まかな》えなくなった枝葉は、整理しなければならない。これが枯死の始まりであり、突然のように起こる。

さらに翌年にも新しい枝先が加わる場合を模式化してみよう（図4）。もう既に枯死が始まっているのだから、今年の樹冠層の光透過率は枝葉の生存にとってギリギリに近いはずである。そこにまた枝先が加わるわけだから、その結果、樹冠層の透過率は一／二以下になってしまう。樹冠層の厚さを半分につめなければならなくなる。この模式図の考え方ではたちまち樹全体が行き詰まってしまう。事実、幼樹期の速い生長は止まり、成樹になると生

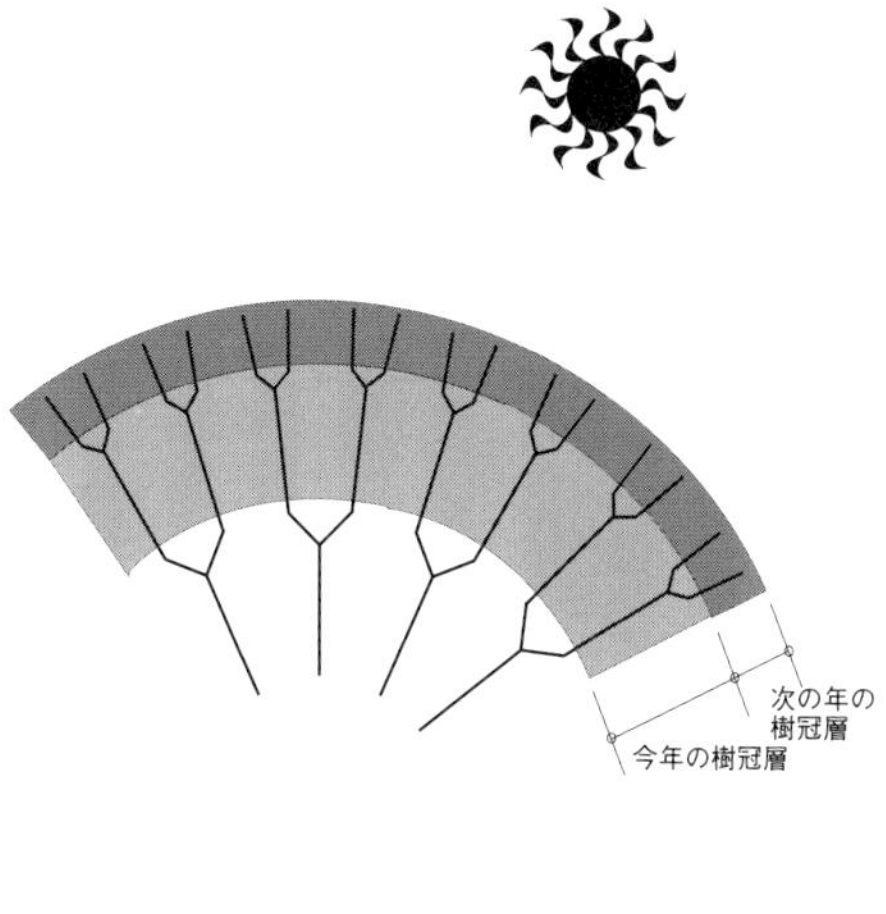

図4――樹冠層のモデル
二分枝系の場合、次の年には枝先の数は二倍になる。前年の枝は全部枯れ落ちたとしても、樹冠層の光透過率は半分になってしまう。光透過率を同じに保つためには、一枝当たりの葉の数を半数にする、すなわち樹冠層の厚さを薄くしなければならなくなる。この方法はたちまち行き詰まる。

長曲線は急激に低下する。しかし、樹は行き詰まりを避けるいろいろな方法を用意して、生長を維持しようとしている。

■幹と枝との関係の変化

行き詰まりをできるだけ遅くする方法のひとつが、分枝システムの優性・劣性配置である。枝の優・劣性によって生長率の違いがあるために、樹冠には初めから凹凸ができ、樹冠層に厚みが付くようになっている。さらに、優・劣性は系列を通じて引き継がれるから、枝分かれのたびに優性だけを引き継いでいる枝系列は一本の樹に一枝しかない（つまり幹）。すべての枝が異なる系図を持ち、異なる生長率を持っていることになるから、図4のように、樹冠層面がたちまち滑らかになり、薄くならなければならない事態はややゆっくりと進行する。

幹と枝との関係は簡単ではない。ごく大ざっぱには、針葉樹は幹と枝が区別できるが、広葉樹でははっきりしない、と思っている人が多い。しかし、生長段階や環境によって幹と枝との関係は変化する。ここでは、すべての枝にその系列の優・劣性とかかわる「幹性」

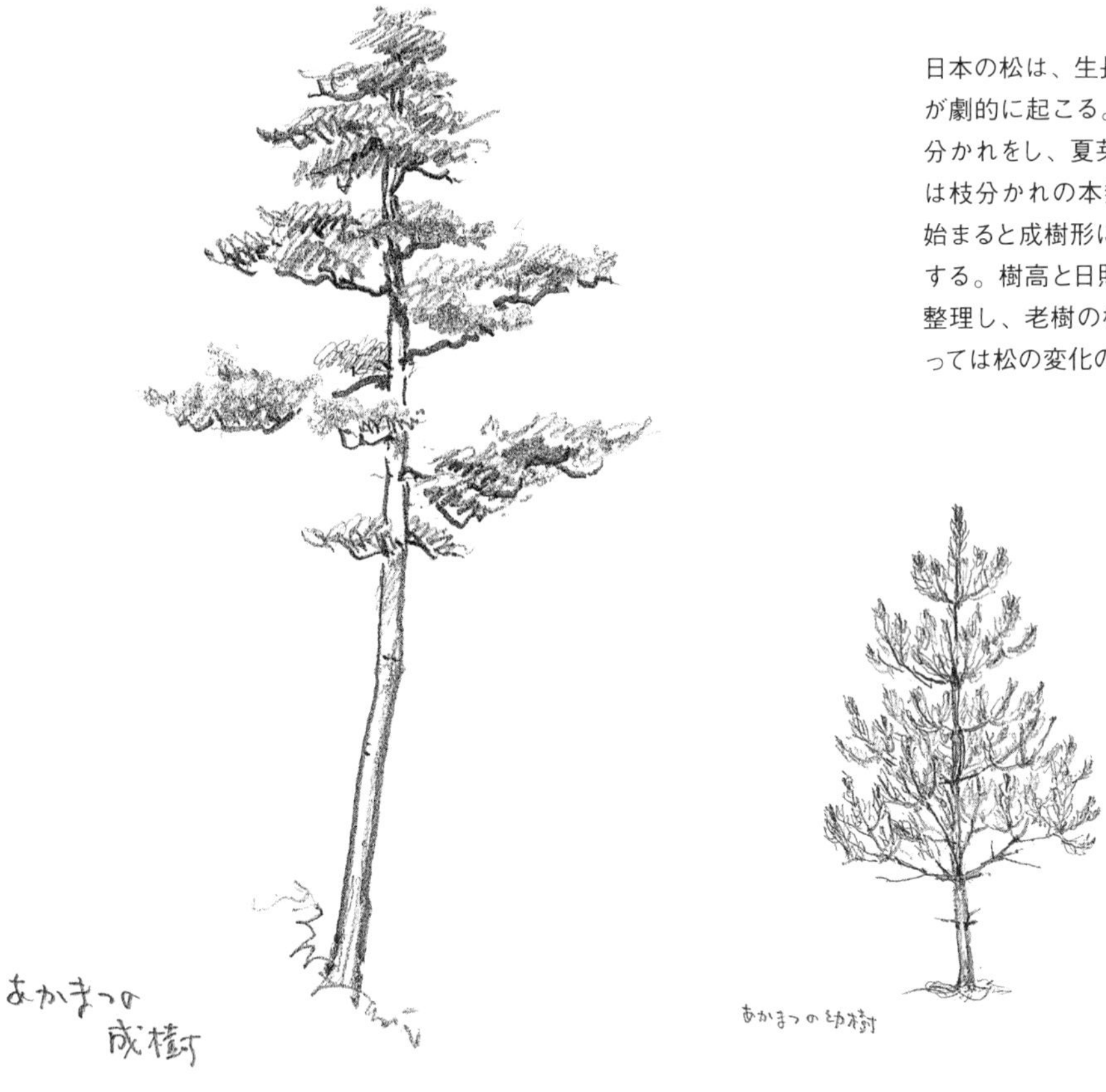

図5———松の幼樹・成樹・老樹

日本の松は、生長の段階、節目で樹形の変化が劇的に起こる。1年に1回だけ規則的な枝分かれをし、夏芽は出さない。幼樹の段階には枝分かれの本数が多い。たくさんの枯死が始まると成樹形に進む。枝分かれ本数も減少する。樹高と日照が得られると、大枝の数を整理し、老樹の樹形が表われてくる。国によっては松の変化の仕方は非常に違う。

があり、生長段階や環境によって「幹性の分布」の強弱が起こると考えている。

針葉樹の場合、種子から生えた最初の一本の枝に幹性の全部が集中しているが、枝分かれが進んできても、優性の序列順位による幹性の分与はあまり進まない。つまり、幹は幹、枝は枝のままである。しかし、檜や杉でも、老齢になると、あるいは周囲の高さから突き抜けた支配樹になると、幹性が徐々に分与されて、頂部に弱い幹性を持った枝が広がって、丸みが出始める。しかし、杉には「台杉《だいすぎ》作《つく》り」という多数の幹を並立させる仕立て方や、地域的に遺伝特性の異なる品種もあって、一概にはいえない。

松の場合はこの変化はさらに急激で、樹齢や環境によって垂れ下がる大枝のかたまりに整理される（図5）。

一本の樹の枝同士の関係と、森や林のなかでの樹相互の関係は同じである。独立して生えている樹では、その樹種固有の樹冠の形になるが、森では個々の樹の樹冠は連続したひと続きのものになる。針葉樹が一本の幹に集中するのは、林という集合体に厚さを与えるためかもしれない。

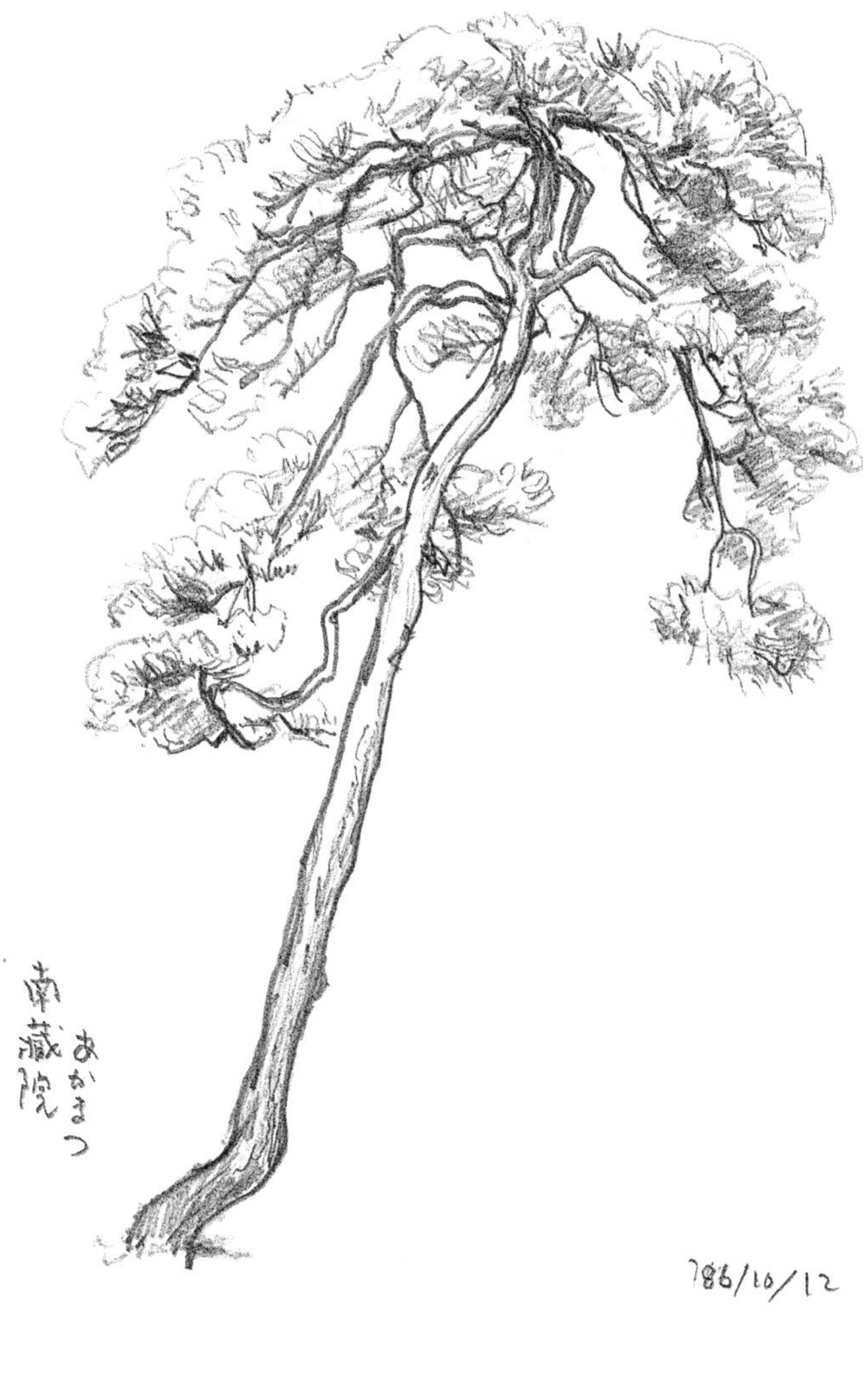

広葉樹でも、最初の幹性は一本に集まっているが、枝分かれの序列に従って幹性は緩やかに分与され、幹と枝との差が少なくなる。しかし、上を覆《おお》って日を遮《さえぎ》っていた林に穴があき、急いで伸び上がる必要が起こったときには、上に出るまで一本幹に集中し直してのし上がる。目的を達すると再び枝を分散し、枝角度を徐々に拡げて、周囲を圧迫しながら自己の占有空間を拡大させる。針葉樹よりも後から発生した広葉樹のほうが、幹性の変化が大きいようだ。

針葉樹、広葉樹にかかわらず避けることのできない、枝分かれ→樹冠層密度の増加→光透過率の低下→層下部の枝葉の枯死→層厚の減少→光取得率の低下は、徐々に進んでゆく。一方で、樹体は大きく重くなり、枝葉も増加し、生存のために必要なエネルギーは増加するから、新しい枝葉や年輪の蓄積に回せる分は相対的に少なくなってしまう。

枯死の始まりが幼樹形から成樹形への転換であったように、幹性の集中から分与・整理・縮小は、生きるための必要エネルギーの減少に続いて、老樹形への移行の始まりでもある。

■個性的な樹形の形成

しだれるか、しだれないかという戦略も、樹形の行き詰まりを避ける同じ目的を持った二つの方向である。しだれない樹にとっては、枝全体を徐々に下げていくことによって、新しい枝のためのスペースを枝先に確保し、年々表面積を拡大することができる。林間にあっては、周りの樹を圧迫して自己の空間を拡げることができる。一方、しだれる樹は、枝全体を引き上げていくことによって、垂れ下がった枝が光を受け続けることができる。しかし、しだれる戦略は、横方向からの光が充分期待できるところでしか有効でない。いずれの場合にも、新しい枝先のためのスペースを拡げ、樹冠の行き詰まりを緩和する上で効果が大きい。

蔓植物は、最少のエネルギーで新天地を開拓しようとして、枝分かれの数は少なくしていることが多い。若い枝先や葉柄の向きや方向を調整する広義の蔓性は、樹冠面の密度を平均化させたり、受光率を改善する働きをしているのである。

樹全体として行き詰まってくると、樹冠の下部、あるいはそれよりずっと下の方から、分枝システムを切り替えた「徒長枝《とちょうし》」（鬼芽《おにめ》）という枝を出す。たとえば仮軸分枝系の場合には、普通なら花や実を付けた後枯れてしまうはずの枝が、突如最優性に変わり、非常に高い生長率を持つようになる（五九頁図２）。生長方向も真上を向き、分枝数も少なく、やがて樹冠を突破して上に出てくる。徒長枝に表われるこの分枝システムの転換は、種子から生えてきたばかりの幹が持っている性質とまったく同じである。仮に仮軸性を持っていても、その間は花や実は付けない。樹冠を突破した徒長枝は、しばらくすると成長率も分枝システムも普通の枝に戻ってしまう。一部が突出していた樹冠形は、徐々に元の樹冠と連続していく。つまり徒長枝は、樹冠層の行き詰まりを脱して、新しい空間を獲得するための非常手段である。庭師は、整えた樹形を乱す徒長枝を目の仇《かたき》にするが、庭師が刈り込むほど、樹は徒長枝を出して抵抗する。

　地上部だけでなく、根系までを含めてバランスが保てなくなったとき、大枝を、場合によっては幹の大部分までを枯死させて、縮小して出直しを図ることもある。

　開けたところで育つ幼樹は、種が決めている生長のシステムを繰り返し展開させるだけで、枯死は起こらない。種の違いはあっても形の個性はほとんど表われない。自分が自分に陰をつくるようになると、部分の枯死が始まり、その繰り返しが種らしさと、そのなかでの個性を生み始める。多様な手段を投入してシステムの行き詰まりを乗り越えていくなかから、風雪に耐えた老樹の個性が生まれてくる。こうして、条件さえ良ければ我々の寿命よりはるかに永く生き続けることもある。

パソコンの中で育つ樹形

別稿の「枝分かれと部分の枯死」では、樹の生長や枯死の仕組みを見てきた。それが、樹形を幼樹から成樹、そして老樹へと変化させる。しかし、この見方は、樹形という側面からのもので、必ずしも植物学的なものとはいえない。

私は、材として木を利用するとき、それが生きていた時の樹の姿と続けて理解したいと思っている。丸太や板の杢目《もくめ》や色艶《いろつや》、刃物当たりや手触り、時が経ったときの変化、そうしたことは生きていた樹の性質を引き継いでいる。

「パソコンの中で育つ樹形」も、そのことの一部分を伝えてくれる。

数字の組み合わせで育つ「樹」

図1～4は、パソコンの中で、ある一組の数値で表わされた樹が生長している様子を描かせている。初めは一本の芽出しから始まって、次第に枝葉を茂らせ、幼い樹形から徐々に「何かの樹らしい」形をなしてくる。やがて、成樹に生長し、最後はいくらか老境に近づいた風格も感じられるようになる。この先がどうなっていくのか興味があるが、このときに「生きている」枝先の数は八〇〇〇本ほどになる。枝先の葉が光をお互いに邪魔し合う関係の計算は、枝先数の二乗回になり、今のところ、私のパソコンではこの先に進むことができない。

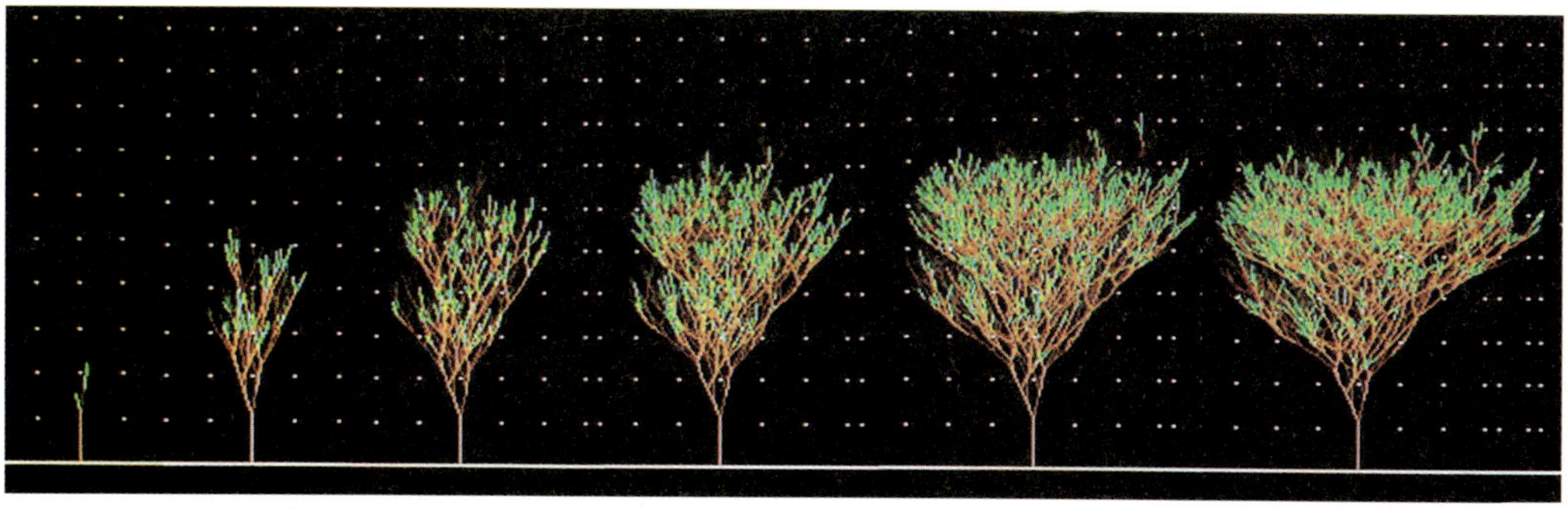

図1――― 生長する「欅らしい」樹（左から第2、6、10、14、18、20世代）。「幹性」は分散。計算は2分枝。

図2――― 生長する「花水木らしい」樹（左から第2、6、10、14、18、24世代）。枝分かれに弱い水平方向偏向性と「蔓性」あり。「幹性」はやや集中。計算は2分枝。

図3――― 生長する「杉らしい」樹（左から第2、3、4、5、6、7、8世代）。「幹性」は強く集中、世代による分散弱。経年的しだれはやや強。計算は2分枝。檜との違いを出そうとしたが、あまり成功していない。

図4――― 生長する「檜らしい」樹（左から第2～12世代）。ほぼ世代ごとに枝葉の繁りに濃淡が表れる。「幹性」は強く集中しているが、世代が進むとやや分散する。枝分かれに水平方向偏向性あり。計算は3分枝。

図5——— 生長する「檜らしい」樹のステレオ図(図4の第12世代)

左右の図は、角度が約6度ずれた位置から見た姿を描いている。遠くを見る目つきで見ていると、3本の樹が見え、真ん中の1本が枝葉を広げた立体になる。2本の樹の間に紙を立てて見たほうが見やすい人もいるようだ。パソコンの中では、樹形を回転させることもできる。

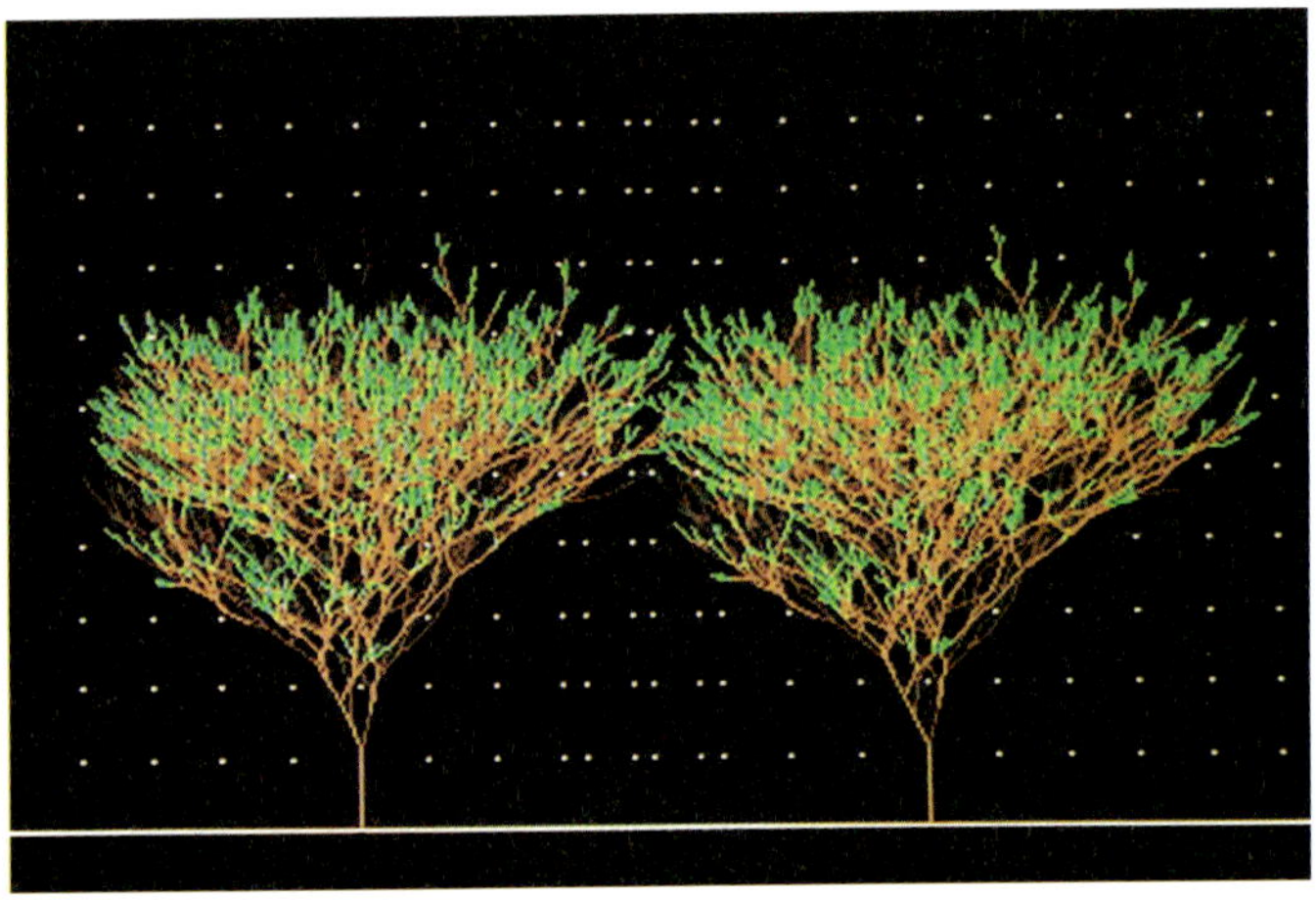

図6———「欅らしい」樹のステレオ図(図1の第22世代)

欅は開けたところでは、たくさんの大枝を広げて整った樹形に生長する。どの種の樹でも芽出しは1本で、「幹性」が集中しているが、それが速く他の枝に分散・分布する(幹性集中度が弱い)と、開けたところでは、この欅のような樹形に生長する。しかし、林間では下枝が枯死して、1本幹を立ち上げる。

樹冠の中央付近に、他の枝よりやや突出した枝が描かれているが、この枝は毎回優性のみを続けてきた系列の枝で、幹性が分散しなければ「幹」となったであろう枝である。

これは手で描いた絵ではない。ほぼ一世代おきに枝葉の繁りに濃淡が見えるのは、図8（七一頁参照）が示すように、陰になって陽当たりが悪くなって枯死する枝が増加すると、陽をよく受ける元気な枝が増加するということの繰り返しが、この架空の樹のなかでも起こっていることを表わしている。

　図5は、これをステレオ画像で表わしたものである。少し慣れないと見にくいが、遠くを見る目つきで見ていると、三本の樹が見え、真ん中の像が立体的に枝葉を広げた姿になる。奥行きがやや強調されすぎているかもしれない。パソコンの中では、樹の周りを回りながら立体像を見ることもできる。

「針葉樹のような」とか「檜らしい」といったのは、これが生きた檜そのものではなく、一〇数個の数値（パラメーター）の組み合わせを与えられた「ある仮想の樹」であるからである。だから、同じプログラムで、パラメーターを少しずつ変えるだけで、「欅のような」、「花水木のような」、無数の種類の「樹のような」姿が生長してくる（図1～4）。

　多数の数値が組み合わさって、数百億回掛け合わされて出てくる形だから、事前に樹形を想定することはとても難しい。ときには、見たことがない「変な樹」になってしまう。しかし、外国の植物図鑑を見ていると、よく似たものにお目にかかることもある。

　この樹は、もうひとつその樹の擬似的な「個性」を表わす変数が、乱数表という形で与えられている。この「個性」の乱数は、親枝の方向を含む分枝システムの基準平面（つまり葉序の展開形）✦1の方向だけに関係しているのだが、その枝が生き残るか枯れてしまうかということに結果的に関係して、樹形を変えてしまう。

　本当の樹では、同じ種の樹は同じような樹形にはなるが、まったく同じ樹は世の中に二本とはない。種のパラメーターも「個性」の乱数も同じなら、コンピューターの中ではまったく同じ生長を何回でもやってみることができる。だから、同じ種子が違う条件で育った場合にどう変わるかというような、実物の樹ではできないこともやることができる。

　このプログラムでは、「枝分かれと部分の枯死」に書いたことと違っていることがある。分枝数は二または三のいずれかしか選べない。次に述べる光と枯死の計算が大変で、当

✦1 「枝分かれと部分の枯死」の六〇頁、図3参照

時のパソコンの能力を超えてしまうためであった。実際を見ても大部分の樹では、枝先で行なわれている分枝数にかかわらず、分枝した二、三年後まで残っている枝分かれは二、三分枝になっている。

■架空の天空光と葉球が生長と枯死を決める

植物が生長するには光がなければならない。本当は水と炭酸ガスと酸素、それに適切な温度範囲も必要だが、この架空の樹は、根はなく、地上部だけしかない。光以外は、必要・充分に与えられていると仮定している。このプログラムでは、図7のように緯度・経度で三六に分割された半球面の「光天球《ひかりてんきゅう》」があるとして、それから樹形に光を与える。

そして、図7には表わされていないが、各枝先に付いている一群の葉は、架空の「葉《よう》球《きゅう》」というものに置き換えられている。葉球は、光天球から光を受けると同時に、他の枝先に対しては陰を与える関係になる。

光天球は年の平均的な輝度の分布が与えられているので、緯度に応じて、北半球では南寄りの範囲の輝度がやや高い。光天球の全天の輝度の合計が基準となり、以後の枝の生長率が算定される。

また光天球のすぐ内側に重なる透明な「スクリーン天球」というものがあって、地面の傾斜や固定的な遮光物がある場合は、スクリーン天球のその範囲の透過度が低下する。先ほどの葉球相互の陰の問題も、スクリーン天球で解決される。目的の葉球を光源に置き換えたと仮定して、その光源によって、他の葉球のつくる陰がスクリーン天球に落ちた部分を不透明に変えれば、その状態の半球の輝度分布が目的の葉球の受光率を表わすことになる（図7）。

その枝先の受光量が、自分が生存するための必要量（枯死限界光量）に満たない場合は、樹全体にとっては負担にしかならないから、その枝は枯れ落ちなければならない。その受光量はキャンセルされる。

さらに、その枝先の属している枝系列をチェックして、生存している枝が存在しない枝系列の範囲は削除される。下枝は、それより上の多数の葉球の陰になるので、枯死する比率が高い。すぐ上に近接した他の葉球がある場合も同じである。

全部の枝先の計算が終了すると、生存する枝先の受光量の合計と光天球の基準光量の比率が、各枝先の発生の履歴、すなわち優・劣性の系列の伸び率と幹性の順位によって分配されて、次の世代の個々の枝の生長率が決定される。

さらに「しだれ」や「蔓性」などによる枝先点の位置の補正が行なわれて、画面は次世代の始めの樹形に描き替えられる。そして再び次世代の計算に入る。

■生長曲線と材の性質

図8は、図4の「檜らしい」樹の世代ごとの生長枝数を、対数グラフで示している。この樹は、開けた平地に生えたと仮定しているので、五世代目までは、わずか五本の枯死があっただけで、その他の枝は枯死するような日陰を受けず、約六〇〇〇本の枝先を持った幼樹として急生長した。

しかし、既に繁った森林のなかで生える実際の檜の場合は、上を覆《おお》った既存の樹が枯れるか倒れるかして、樹冠に穴が開くまでの長い期間、ぎりぎり死なない陰樹《いんじゅ》の体勢で耐えなければならない。幹は真っすぐではなく、

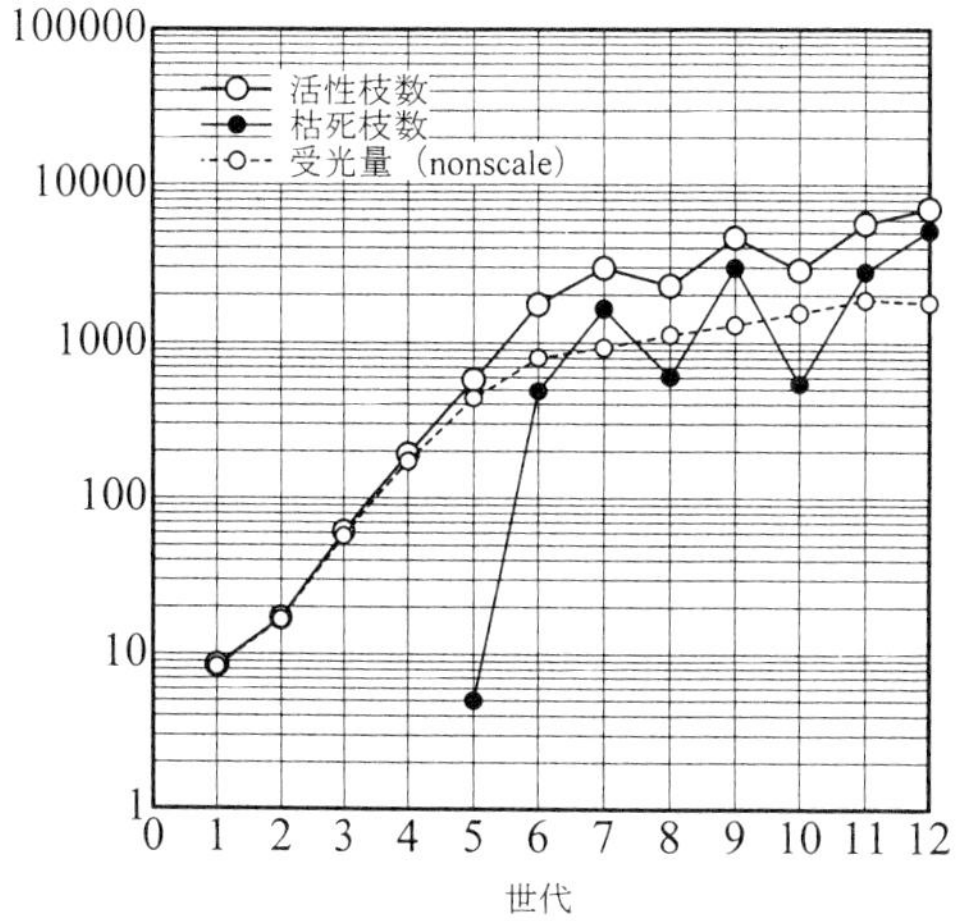

図8———— 世代ごとの生長曲線

図4の「檜らしい」樹の生長過程を対数グラフで表わしている。活性枝数+枯死枝数が、その世代に新しく生長した枝数で、そのうちで枯死せずに生き残った枝が活性枝数である。次の世代ではそれが枝分かれする。

3本の曲線は、6世代付近で勾配が折れている。それは、自由な空間に自分のシステムを展開していた時代が終わって、自分が組み立てた空間を、枯死という方法で再構築を繰り返す段階に入ったことを示している。図4にも、幼樹の姿から、その種らしい成樹の形への変化が表われている。

それとともに、計算上の天球の条件は一定であるにもかかわらず、活性枝と枯死枝の曲線には自立的な波が発生する。樹全体としての受光率のなめらかな増加を維持するために、生長と枯死の波が働いている。

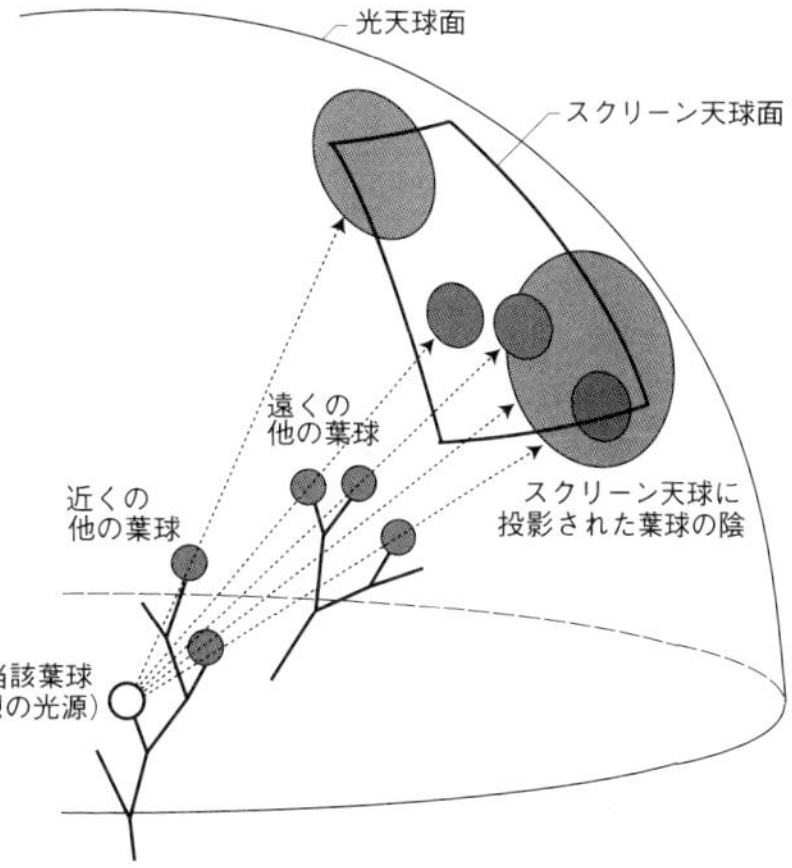

図7———— 光天球に投影される葉球

ひとつの葉球のつくる陰が、もうひとつの葉球に当たるか当たらないかという簡単そうにみえることでも、実は簡単ではない。枝数が増加してくると、仮想の葉球が相互に授受し合う陰によって影響される受光量の計算は、加速度的に大変になり、パソコンの能力を超えてしまう。

そこで発想を逆転してみた。目的の葉球を光源としたときにたくさんの他の葉球の陰が仮想の天球に投影される。陰にならなかった天球の面積を合計したものが、目的の葉球の受光量になる。枯死限界光量と比較して、その枝の生死が判別される。

直径は六センチメートルほどより太くならない。耐えきれずに枯れてしまうものも多い。

六世代目から曲線の性格が変わる。生長速度が鈍くなるだけでなく、生長に「波」が発生し始める。プログラムはこれまでと何も変わらず、光天球も同じままである。枝数が増えると陰になる枝の枯死が増加し、その結果、枝数が減少して陽当たりが改善し、枯死も減る。その繰り返しが波であり、この架空の樹形のシステム自身の内部から発生しているものである。樹全体の受光量の曲線は緩やかな上昇を続け、波はない。

この状態が成樹の段階である。架空ではあるが、その樹種らしい姿が表われてくる。また、植林地や林間に育った場合では、下枝の受ける光量は少なく、枯れ落ちてしまう枝が多い。この時つくられた年輪の部分は、材としては弾力性が高く、強度もあるが、曲がりなどの狂いを多少含んでいる場合もある。成樹の初期の段階では樹勢は旺盛で、早く高さを獲得したいので、太るよりも弾力性と強さを求めるためである。

幼樹の段階に形成された部分、つまり幹の芯と、成樹の段階で形成された部分との間には「目回り」という年輪の間が剥がれやすい層ができる。芯は強烈な狂いを持っている。材として使用するにあたっては、芯は取り除いたほうがよい。幼樹の段階の曲がりを成樹の年輪が真っすぐに矯正しているから、その歪みの力は材になってもいつまでも残されているからである。

図8のグラフの最後の部分に、わずかに老樹のそれらしい形が見えるが、受光量の曲線はそこでさらに折れて、水平に近くなっている。老樹段階への入口である。新しく加わった生きている枝数の曲線と、枯れ落ちた枝数はほとんど接近している。年輪を加える余力が少なくなった上に、幹は太くなっているから、加わる年輪の厚さは薄くなる。幹は既に充分丈夫だから、弾力性も強度も特に必要としない。杢目は細かく、狂いのない年輪層が形成される。これを「糠杢《ぬかもく》」という。樹種や環境によって異なるが、六〇〜一〇〇年生以後の部分にこの杢目ができる。穏やかで狂いも少ないが、粘りや強さは劣る。

傾斜地に植林された場合には、下り斜面の側が日射が多く、枝葉の繁りも良い。幹のその面は、重い枝葉の重量を支えなければならない。さらに、積雪地の場合には、ずれる雪に押されて幹が谷側に倒される。新しく加える年輪によって傾きを直そうとするので、幹には反りが付いてくる。この部分には「あて」という強い圧縮力に対抗する組織構造が形成される。あて構造は不均一にできるので、材としては非常に使いにくく、建築では嫌われる。枝はすべて「あて」であるから、材としては使うことができない。

「パソコンの中で育つ樹形」は、樹や木材の性質とその発生の理由を教えてくれる。

■毎日、上野公園を歩きながら

東京芸大に勤めていた頃、朝夕、上野公園を通り抜けていた。四季折々の木々の変化は飽きることがない。春の芽出し、秋の紅葉・落葉、樹々の姿は日々に変わる。

ある日、研究室で「樹というものは、シンプルな規則性の繰り返しだ」という話をした。コンピューターというものを使い始めた頃だった。大学院生の小川真樹君が、「枝分かれ」の規則性だけを繰り返す簡単なプログラムをつくってくれた。数値を少し変えるだけで、いろいろな「樹らしい」形が次々と画面に表

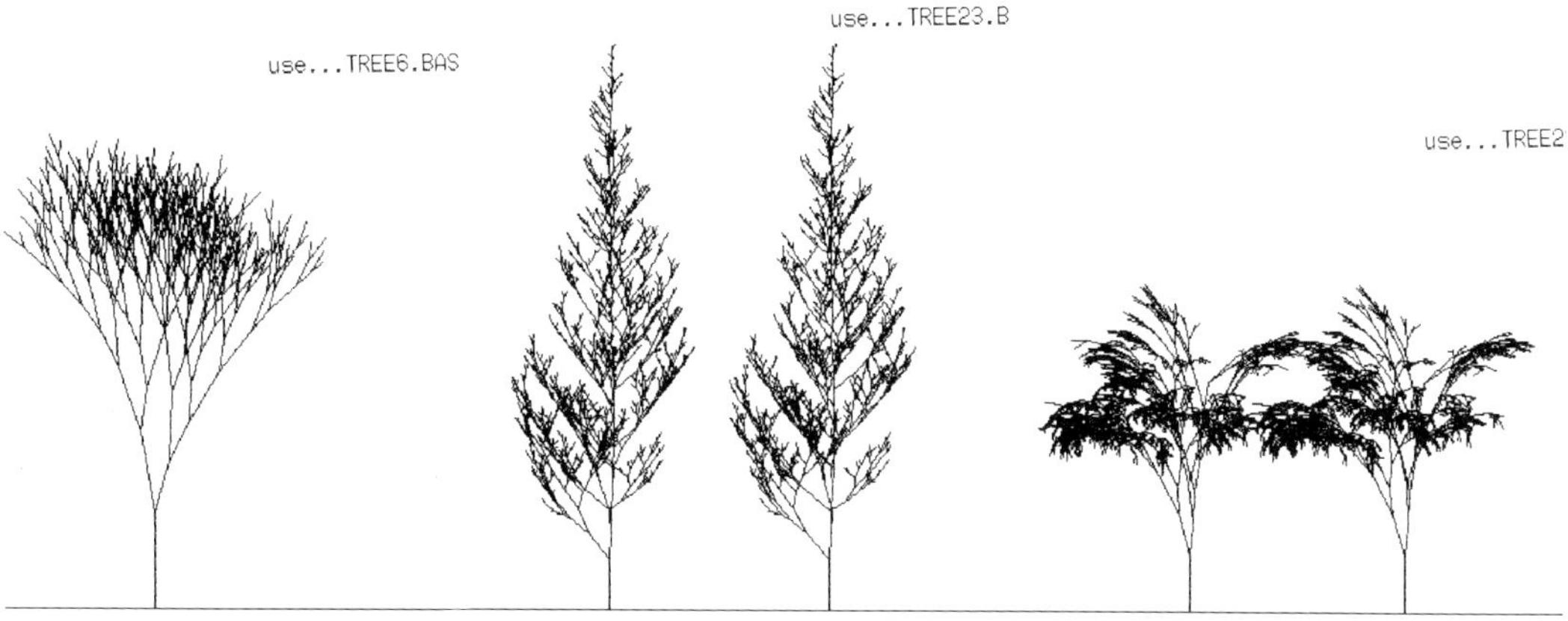

use...TREE6.BAS
use...TREE23.B
use...TREE2

図9――― 初期のプログラム
枝分かれだけの平面プログラム(左)と、3次元(ステレオ)のプログラム(中、右)。どちらも環境との応答がないので、先に進むことができなくなる。

われてくる。プログラムは次々と改良された（図9）。

しかし、画面の樹は「歳をとっていかない」で、自分自身のシステムで行き詰まってしまう。「本当の樹は、環境とやりとりをしている。部分を枯らせながら環境と調和しているのだ」。それからプログラムは大変になり、とうとうそれが小川君の修士論文になった。

私が樹に病みつきになった理由はもうひとつある。私はその少し前から、太陽熱を含めた自然エネルギーを、建築に利用する研究を始めていた。建築物が環境から切り離されて存在していることはない。住み手や設計者が意識するか、否かにかかわらず、建築物は環境と時々刻々に応答している。その応答関係が捉えられれば、それを設計に応用してよりよい建築環境をつくる方法がわかるだろう。コンピューターを使ってそれを解くことに取りかかっていた。後になって「ＯＭソーラー」と呼ばれるようになったものの始まりである。

その研究にとって、「環境からエネルギーを得、調和しながら生長する樹」は、まさに畏敬すべきお手本であった。樹を見、樹を考えることが、ますます楽しくなった。

実利的なこともなくはない。私は木工家具もつくっているので、材料の丸太を仕入れに行く。丸太の両方の小口と全体形を見れば、その樹が育った一生の環境がわかるから、どの部分はどんな材質・杢目か、表に見えない節はどこにあるかまで見えるようになった。挽《ひ》き割るときは、家具の部分ごとに適した材質を取り分ける。

コンピューターにとっての時の流れはとても速い。小川君と考えた樹形の生長のプログラムは、ちょっと手入れをしない間に化石言語になってしまい、これを理解できるハードは世の中になくなってしまった。ここに出ている図は、とりあえず、今でもかろうじて通用しているプログラム言語に書き直したものを使っている。

第2章

木曽谷物語

木曽谷の民家

山深く　馬を曳《ひ》き来て　あわれなり
人に言うごと　ものいう馬子は

――島木赤彦

段丘に取り付く集落

中央西線が塩尻を出ると間もなく、両側に深い緑の山が迫ってくる。木曽谷である。谷底の宿場街をいくつも過ぎる。

枝谷に入ると、もう平地といえるものはほとんどない。川から四、五〇メートル上がった段丘面に、そこに畑を開いて暮らせるだけの数の家が取り付いている。緩い勾配の大きな切妻《きりづま》屋根、三〇年前は板葺《いたぶ》き石置き屋根がほとんどだったが、今はトタン葺きに変わってしまった。総二階の大きな母屋《おもや》✦1はすべてが木、深い軒の出。その軒の出を支えている跳ね出し梁から吊り下げられたバルコニーが二階をめぐっている。豪放だが軽快感がある（七八頁以降・図1、2、写真1）。少し離れて板倉《いたくら》✦2が建つ。これもすべて木。

他の地域にあるように、門塀で囲った屋敷構えをつくるようなことはしない。よそ者に

✦1　住宅の主たる建物のこと。
✦2　九一頁以降の「入念に建てられた板倉」参照

はどの板倉がどの母屋に属するのかわからない。段丘の傾斜地形になじんで、畑、桑畑、石垣、建物が配置され、山を背景に集落をつくっている。森と山が段丘面に水を供給する。沢や湧き水、横井戸◆3などから流れ出す水を、木樋《もくひ》を渡して外の水場や台所に送る。割り木を組んだ高い稲掛けの列も風景の一部である。石垣の周りには草花をたくさんつくっている。段丘の一番高いところ、つまり水源の近くの見晴らしのいいところには、苔《こけ》むした小さな墓が並んで、集落の暮らしと遠い山を眺めている。水田はたいてい段丘から下がって、川沿いに開いている。すべてが清潔な風景である（八一頁図3）。

段丘はどれも川からほぼ同じ高さにあるから、斜面をトラバースする林間の小径を伝い、尾根の鼻を回ると隣の集落に出る。この幅五、六〇センチメートルほどの小径が、車社会になるまでの本道であった。そのあるものは御嶽信仰《おんたけしんこう》◆4の登山道を兼ねていたし、また峠を越えて街道や隣村とつながっていた。車のためにつくられた今の道は川沿いにあって、集落に行くには坂を登らなくてはならない。

こうした集落が、木曽谷本谷をはさんで、御嶽山、乗鞍と駒ヶ岳連峰に囲まれた山麓《さんろく》の一帯に点在している。私がふとしたことで行くようになった三岳村◆5は、東京都の五・六％の面積（木曽郡全体では七八％）のなかに、二二〇〇人の人たちが四四の集落に分かれて住んでいる。御嶽山の懐《ふところ》のなか、深いひだの間に埋まった村である。郵便屋さんは毎日大変である。

私は、子供たちを道案内にして、あちこちの集落まで散歩に行った。お弁当を持って遠足にも行った。子供たちは顔見知りだったり、学校の友達もいるから、家の中まで見せてもらったり、図面を採らせてもらうこともあった。どの家も基本的に同じ間取りといってよい。そしてそれが、日本の民家の原型といわれている「田の字」プランの系列と違うものであることに気付いた。

◆3
一〇六頁「横井戸は天与の恵み」参照

◆4
近世以前はごく限られた修験者にしか許されなかった山岳信仰は、近世期に入ると大衆化し、一般庶民たちも講を結んで山岳に登るようになっていった。とくに富士山、木曽御嶽山、出羽三山などは多数の信者を集めた。

◆5
三岳村は、明治七年に黒沢村と三尾村が合併してできた。本文で「三岳村」と称している範囲は、現在の三岳村の範囲である。

図1———— 三岳村藪原南家スケッチ
南家は藪原集落の段丘の縁にある。この家は大きな平側が谷に向いている。荒々しい割り木を組んだ稲掛けが整った外観とよく似合う。

図2——— 三岳村藪原南家スケッチ
緩勾配の板葺き石置きの大きな屋根が特徴的である。1階は居住部分で、馬小屋も母屋に含まれていた。2階はすべて養蚕のスペース、登り梁から吊った軽快なバルコニーが回る。板倉は母屋から離れて建っている。

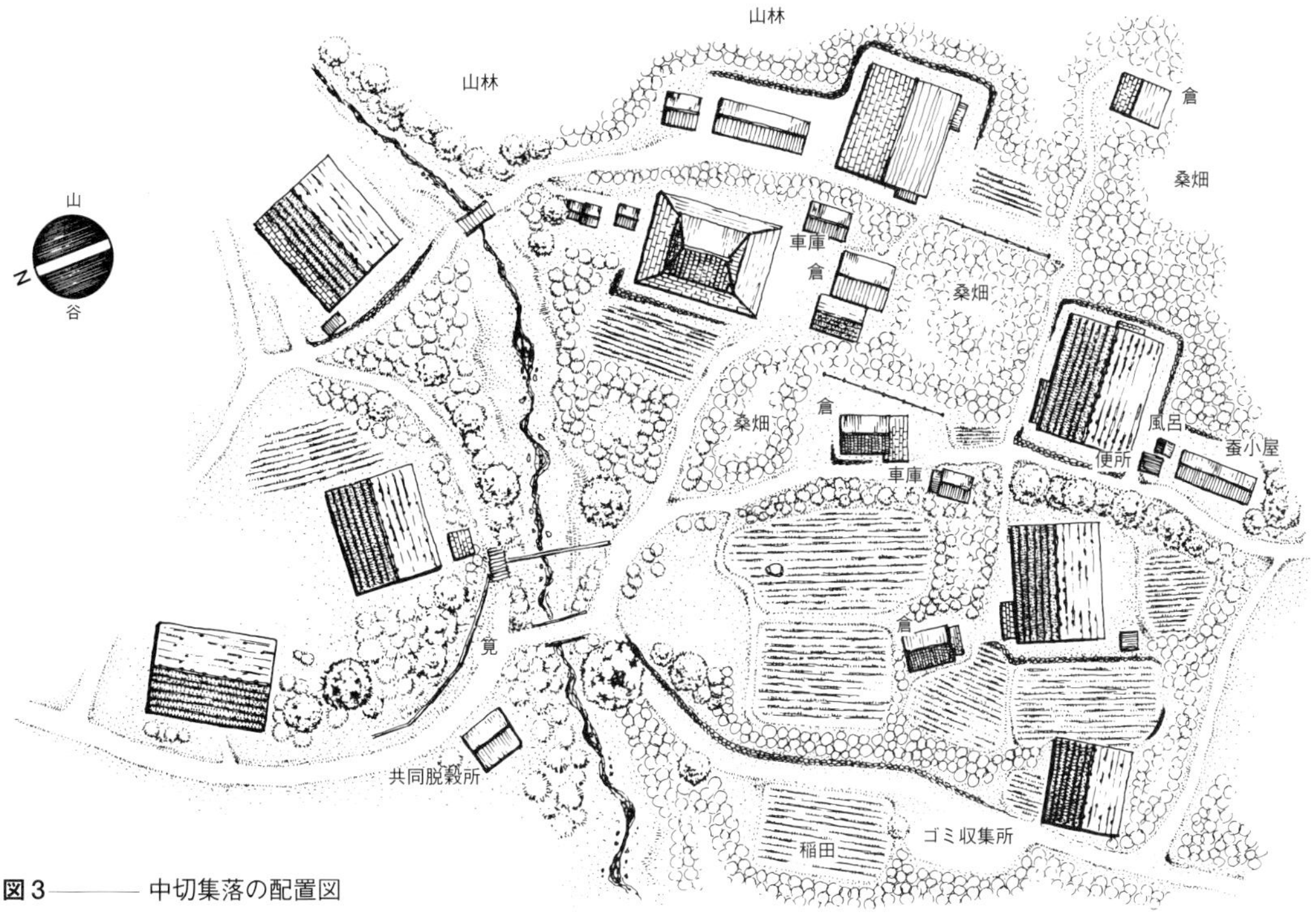

図 3———中切集落の配置図

川から 4、50 メートル上がった段丘面に、そこで生活できるだけの家数がある。家と板倉が点在し、沢から流れ出す小川とその水を分ける木樋、畑や家の周りの石積み、稲掛け、小さな鐘の下がった火の見の梯子など、人間と自然が合作した風景がある。

写真 1———中切集落の民家（撮影／丸谷博男）

たくさんの建築家、建築を専攻する学生、それに三岳村青年団員を交えた人たち（七三名）で、三岳村の民家の実測調査をした。最初は一九七二年、中断をはさんで一九九一年まで、三岳村の民家および板倉四八棟、隣接する村のもの一〇棟の記録を作った。三岳村の総戸数は約六〇〇戸、そのうち五〇〇戸が古い民家の形を残している。

雄大な切妻屋根

木曽の民家を見て誰もが感じるのは、緩い勾配の切妻屋根の雄大さである。母屋自体が大きい上に、それからさらに一・八メートルも軒が跳ね出しているから、屋根の大きさは三〇〇平方メートル（九〇坪）ほどもある。妻側から見ると、幅広の破風板《はふいた》が棟から軒先にかけて幅を狭めながら、軒から突き出して屋根の流れを強調している。今はもう少ししか残っていないが、この大きな屋根が豪放なへぎ板葺き石置き屋根だった（図4、5）。へぎ板というのは、腐りに強く割りやすい、さわらや栗の丸太の節のない部分を、五～九ミリくらいの薄板に割り取ったもので、長さ七五センチのものを長板《ながいた》という。へぎ板は、木の繊維に逆らわずに割ったものなので、日射や雨風に晒《さら》されていても反り返ることがない。また、割り取った面には自然に縦の筋目ができるから、重ねて葺いたときに、間に毛細管現象が起こらず、水が横に回らない。これを最低三枚、流れる水量の多い軒先近くでは六枚を、ずらしながら重ねて葺く。その上に、「石持ち」という丸太を四つから六つに割った棒を、長板と直交して置き、石を載せて押さえる。石の大きさや間隔はその場所の風の強さで決める。棟には太い丸太の割ったものを載せて押さえる。釘金物はいっさい使わない。長板は、葺き替えのとき表裏、上下を入れ替え、さらに長さを詰めて四から六回使うから、釘の穴を開けることはできない。

木曽の民家の屋根には煙出しがない。へぎ板葺きを下側から見ると、あちこちで空が見

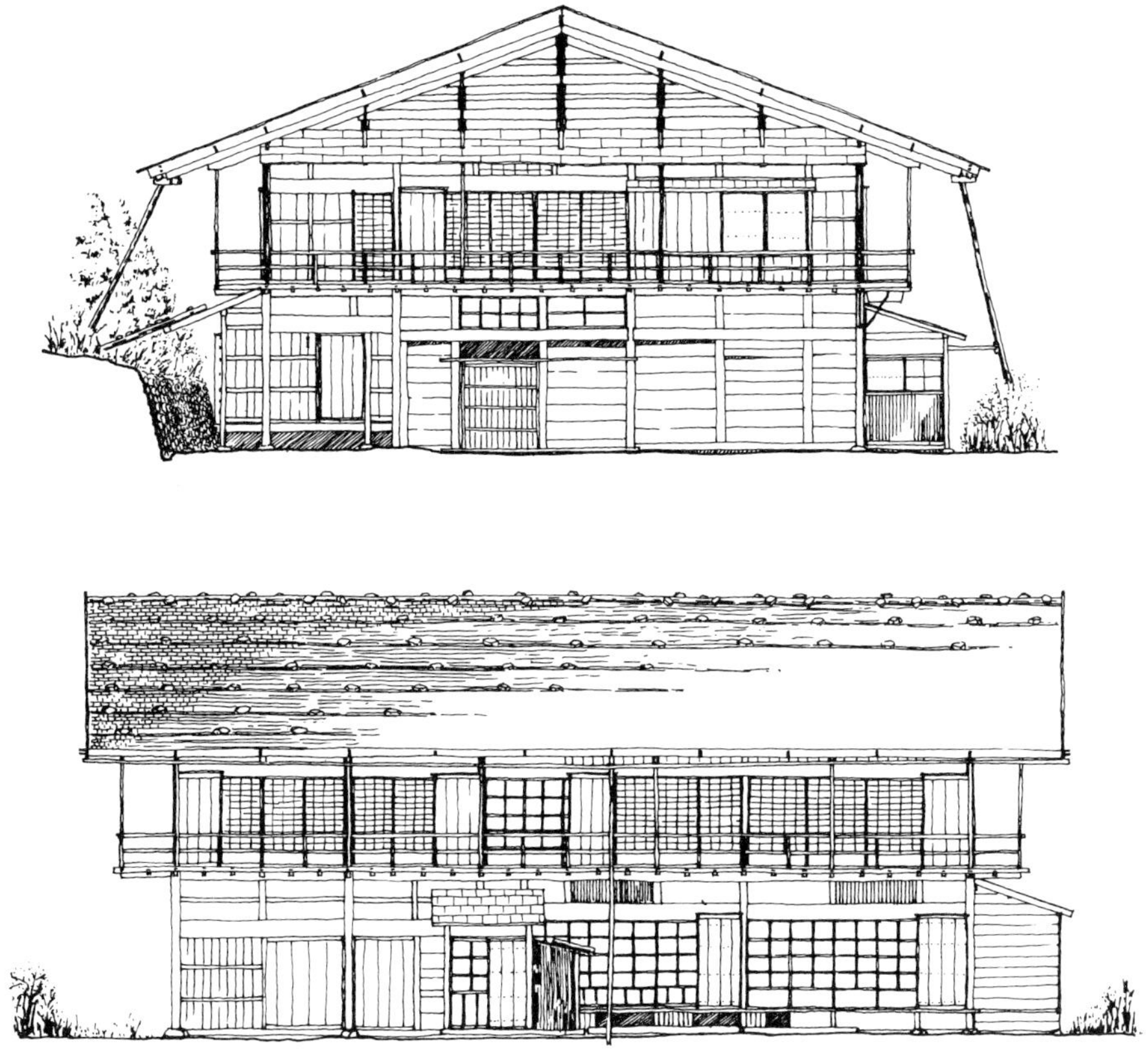

図4―――――藪原南家の立面

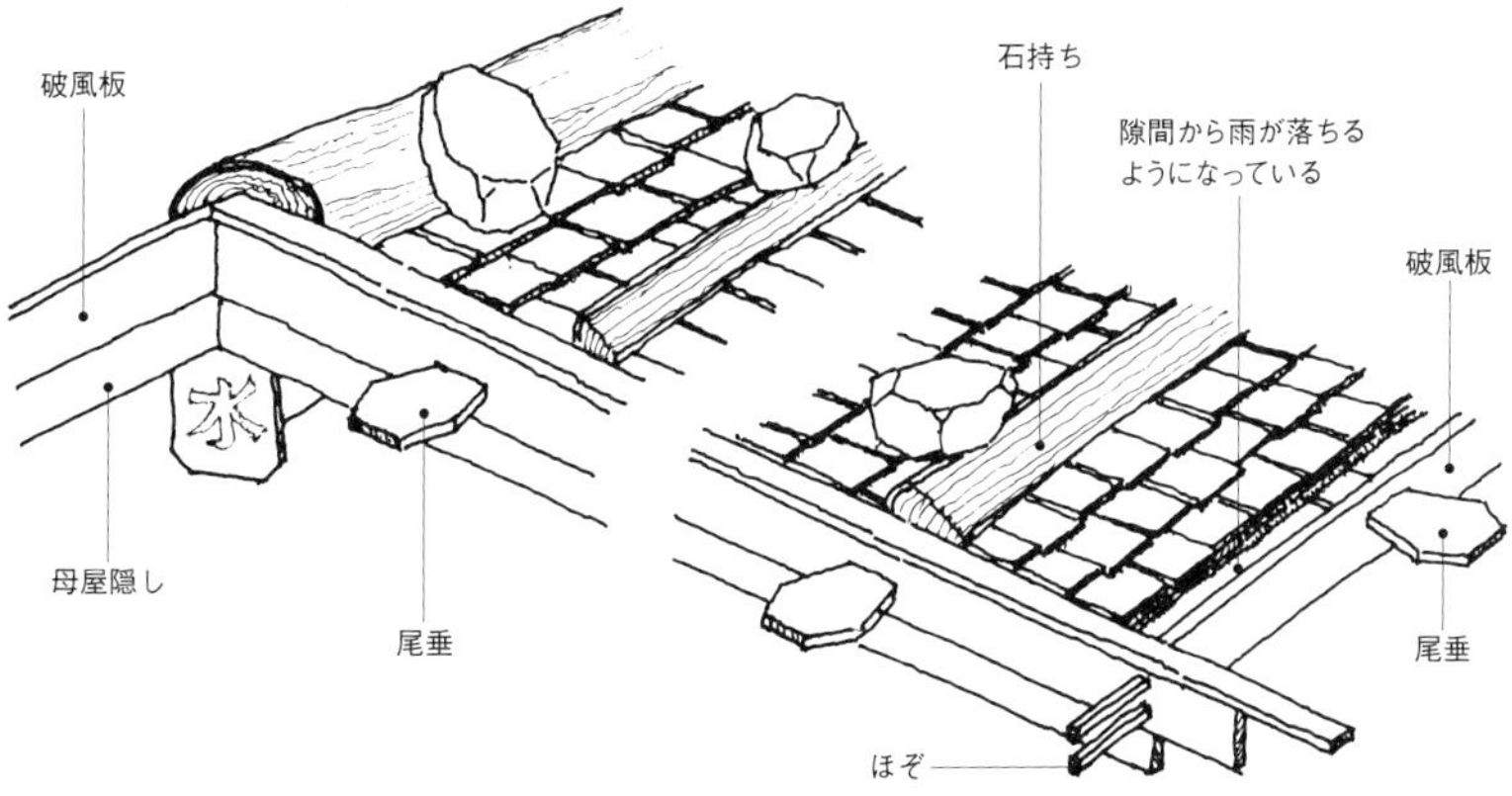

図5―――――へぎ板石置き屋根

屋根の四周に回っている破風板と大きな「尾垂」が特徴的である。へぎ板はどの部分も3枚がはぎ目がずれて重なるように葺く。釘を使わないので、石の重さが屋根全体を固めることになる。

えたり、光が射したりしている。囲炉裏《いろり》の煙は、へぎ板の間を通り抜けて、屋根全面から出ていく。その燻煙《くんえん》によってへぎ板の腐りや虫を防いでいた。寒い日には、立ち昇るうっすらとした煙が、朝日や夕日に光っているのが見えた。

屋根の勾配がきついと、石がずり落ちてしまう。緩すぎると重ねた長板を水が逆流する。その間で許されるのは、三寸勾配（十分の三）の前後わずかの範囲しかない。へぎ板葺き石置き屋根は、単純な切妻屋根がもっとも適している。少しでも複雑な形の屋根にすると、必ず欠点ができてしまう。その結果、木曽谷の集落のある風景は、どこに行っても同じ勾配の切妻屋根を持つことになった。風景とは必然によってつくられるものである。トタン屋根に変わった今は、この必然性はない。

木曽谷の民家の屋根でもうひとつ目につくのが、破風板の取り付け方である。普通、破風板は屋根の妻側にだけ付くものだが、木曽ではこれが四周に付く。平側《ひらがわ》（水平な側）の破風は、長いほぞを突き出して妻側の破風と組まれている。そして破風板は、大きな杓文字《しゃもじ》を思わせるもの、あるいは角張った板と楔《くさび》で屋根に取り付けられている。杓文字や板のように見えるものは、長さ一・八メートルもある尾垂《おだる》という板の先端部で、へぎ板葺きの下に差し込まれているものである（図5）。つまり破風板も尾垂もへぎ板といっしょに石の重さで押さえられて止まっている。破風板の丈の真ん中がへぎ板の面になる。雨水は平側の破風板とへぎ板との間から落ちる。軒先や妻の近くでは、屋根の石の押さえは充分には効かず、風がへぎ板を持っていってしまう。破風板を回り込む風の渦が、石の押さえが不充分な端のへぎ板を押さえ込んでくれる（図6）。「破風」とは文字通りそういう知恵だったのだ。尾垂が軒先にリズムをつくっている。

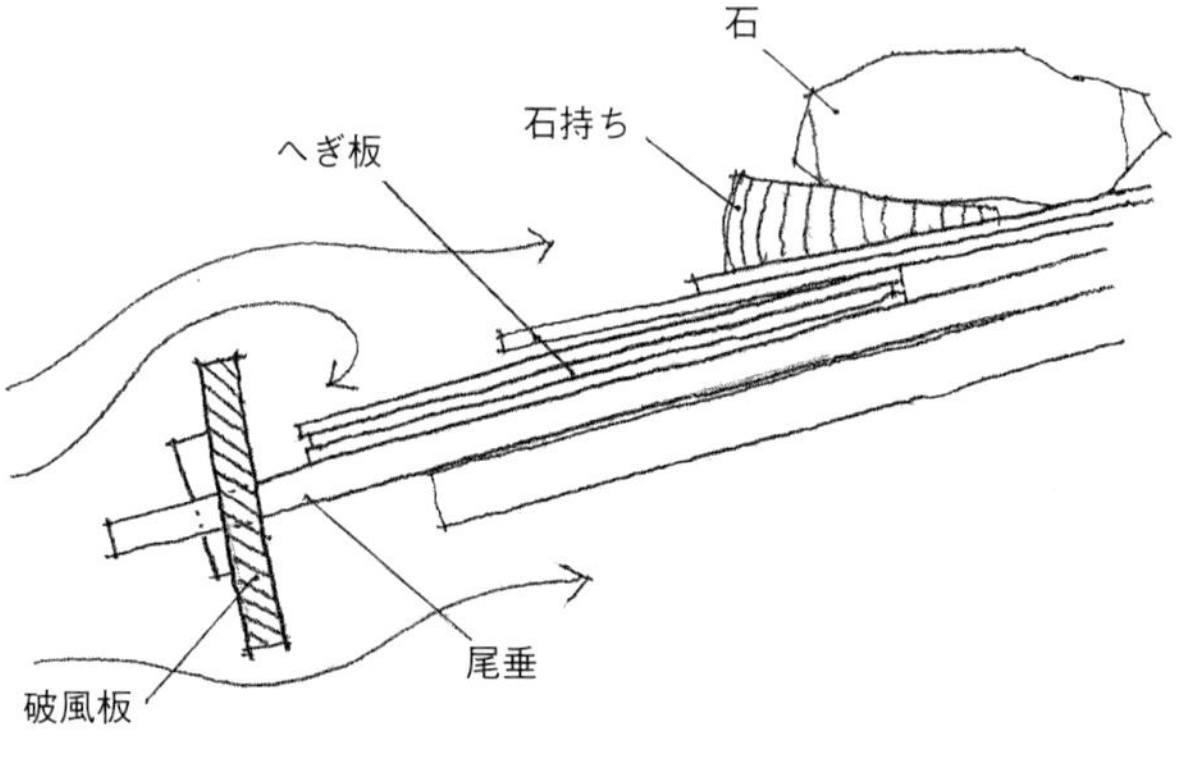

図6――破風
へぎ葺き面より破風板の上面の方が高い。破風を回り込む風が端部のへぎ板を押さえ込む。

釘のいらない板壁

外壁もすべて木である。木曽谷には塗り壁に使えるような粘土質の土がない。だから塗り壁というものはない。一五～一八センチメートル角の柱を立て、貫《ぬき》を通して楔で固める。貫を外側にして、柱の溝に横板を落とし込む、というのが古い工法である。この工法は釘がいらない。横板のはぎ目は矢羽状に加工して水を防ぐ（図7）。この工法は、外壁の防水という面では完全ではない。梁や土台の上端、吹きつける雨が回り込むところはいろいろある。大きな軒の出がそれを防いでいる。吹き降りやはね返りのあるところには、貫の外にもう一枚縦板を張ることもあるが、これには釘がいる。

この巨大な木の塊《かたまり》が重々しく見えないのは、二階のバルコニーや小庇《こびさし》の扱い方にある。木曽谷の民家の二階はすべて養蚕《ようさん》のためにある。その二階を目いっぱい使うために、四周にバルコニーがめぐっている。お蚕さんの桑を運び入れ、食べかすを持ち出すための人間のサービス通路である。土地に段差があれば、桑畑の石垣の上からの斜路で直接バルコニーに通じる。食べかすをダストシュートで落とす工夫もある。バルコニーは、大屋根の軒の出を支えている跳ね出し梁から、七・五センチメートル角くらいの極端に細い柱で吊り下げられている。手摺などもきゃしゃな太さでできている。妻側では大屋根の軒は高くなるので、その下にもう一枚小庇がかかる。その庇は、桁の上に薄板をかけ渡しただけで、大きな外観のなかでは紙のように薄く軽く見える。戸袋など要所々々には細かい細工を加えている。それがどっしりしていながら軽快さを感じさせるのである。外の便所や風呂場などの小さい付属屋も、全体のスケールを助けてくれている。

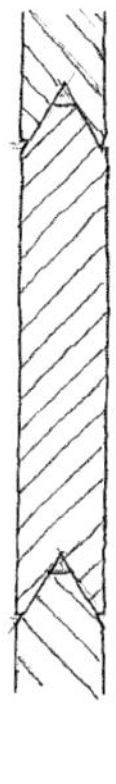

図7――横板のはぎ目の断面。矢筈矧（やはずはぎ）、または桶布倉矧（ひふくらはぎ）ともいう。

火を囲む間取り

木曽の民家の間取りの特徴は、部屋が三列構成になっていることにある（図8）。「ダイドコ」と呼ばれる二つの「イルリ」（囲炉裏）のある広間をはさんで、「ヒヤ」「ネビヤ」（部屋、寝部屋）というほとんど窓のない小部屋の列と、反対側に「デエ」（出居）あるいは「カサノデエ」（上の間）などという部屋の列がある。「デエ」の側の部屋は、日当たりの良い面にとられ、縁やぬれ縁が付いて開放的である。家の入口であり、「ニワ」（庭）または「ドジ」などと呼ばれる土間は非常に小さく、他の地域の民家のように裏まで通り抜けられるようなものはない。「デエ」の列のなかに板張りで小さく食い込んでいるものもある（図9）。三列の居室の並びと直交して「マヤ」（馬小屋）が、ひとつ屋根の下に入っている。「マヤ」と土間への入口が並んでつく（図10）。「ヒヤ」の列の部屋は、当主夫婦の寝室に当てられ、「ウブヤ」と呼ばれる出産専用の部屋、女人禁制の「荒神部屋《こうじんべや》」などが加わる場合もある。「デエ」の列の部屋は、隠居夫婦の寝室と客用に使われる。未婚者や子供たちは囲炉裏の周りに寝る場合が多かった。

三列という深い奥行きのために、平面形は正方形に近いものになっている。奥行きの深い間取りが成立した理由は、この地域の冬の寒さにあるのではないだろうか。雪が少ないだけに冷え込みは厳しい。火を家の中心に置いて、それを取り囲むように部屋を配置している。

一般に、日本の民家は「田の字」プランから発展したものであるといわれているが、木曽の民家はそれには属さないように私には思える。「田の字」というのは家の構造形式を示すもので、中心の大黒柱から四方に梁が伸びる。これでは中心に火は置けない。家というものは、「用」と構造が合わさってできるものである。火を囲むという「用」が重視さ

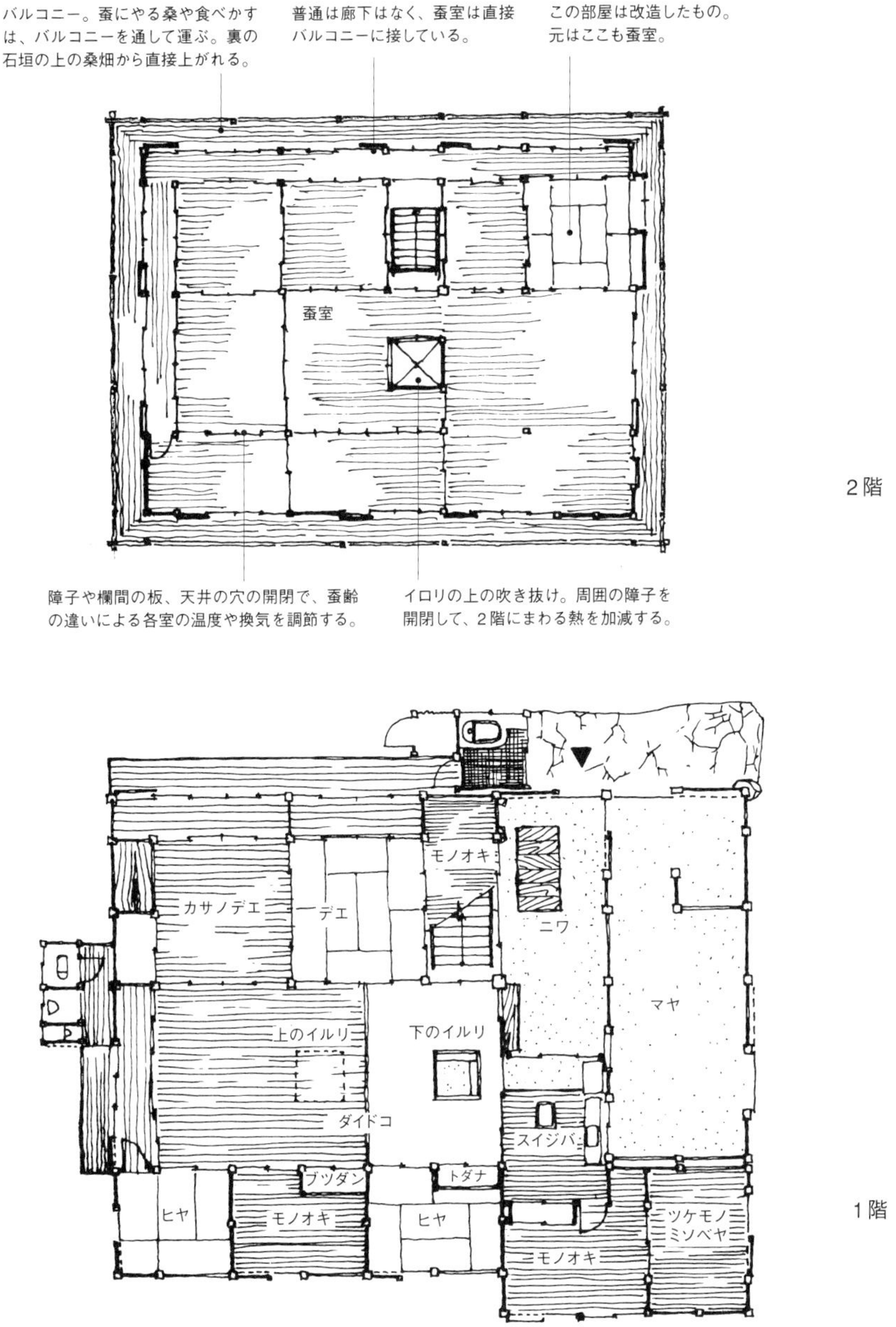
バルコニー。蚕にやる桑や食べかすは、バルコニーを通して運ぶ。裏の石垣の上の桑畑から直接上がれる。
普通は廊下はなく、蚕室は直接バルコニーに接している。
この部屋は改造したもの。元はここも蚕室。
蚕室
2階
障子や欄間の板、天井の穴の開閉で、蚕齢の違いによる各室の温度や換気を調節する。
イロリの上の吹き抜け。周囲の障子を開閉して、2階にまわる熱を加減する。
モノオキ
カサノデエ
デエ
ニワ
マヤ
上のイルリ
下のイルリ
ダイドコ
スイジバ
ブツダン
トダナ
ヒヤ
モノオキ
ヒヤ
ツケモノ
ミソベヤ
モノオキ
1階

図8―――― 藪原南家平面図

木曽谷山村部の民家室内の典型的な一例。街道筋の家は道路に面して格子が付く、土間が裏庭まで続くなどの違いがあるが、平面構成は共通している。囲炉裏のある「ダイドコ」を中心にした3列構成、狭い土間、ひとつ屋根の下の「マヤ」(馬小屋)、総2階の蚕室とそれを取り巻くバルコニー、いずれも木曽谷山村部の民家の特徴である。この総2階の造りは、明治末から大正期の養蚕の拡大のために増築または建て替えられたもの。この期間にほとんどの家が総2階に改築された。南家もそのひとつである。(作図／丸谷博男)

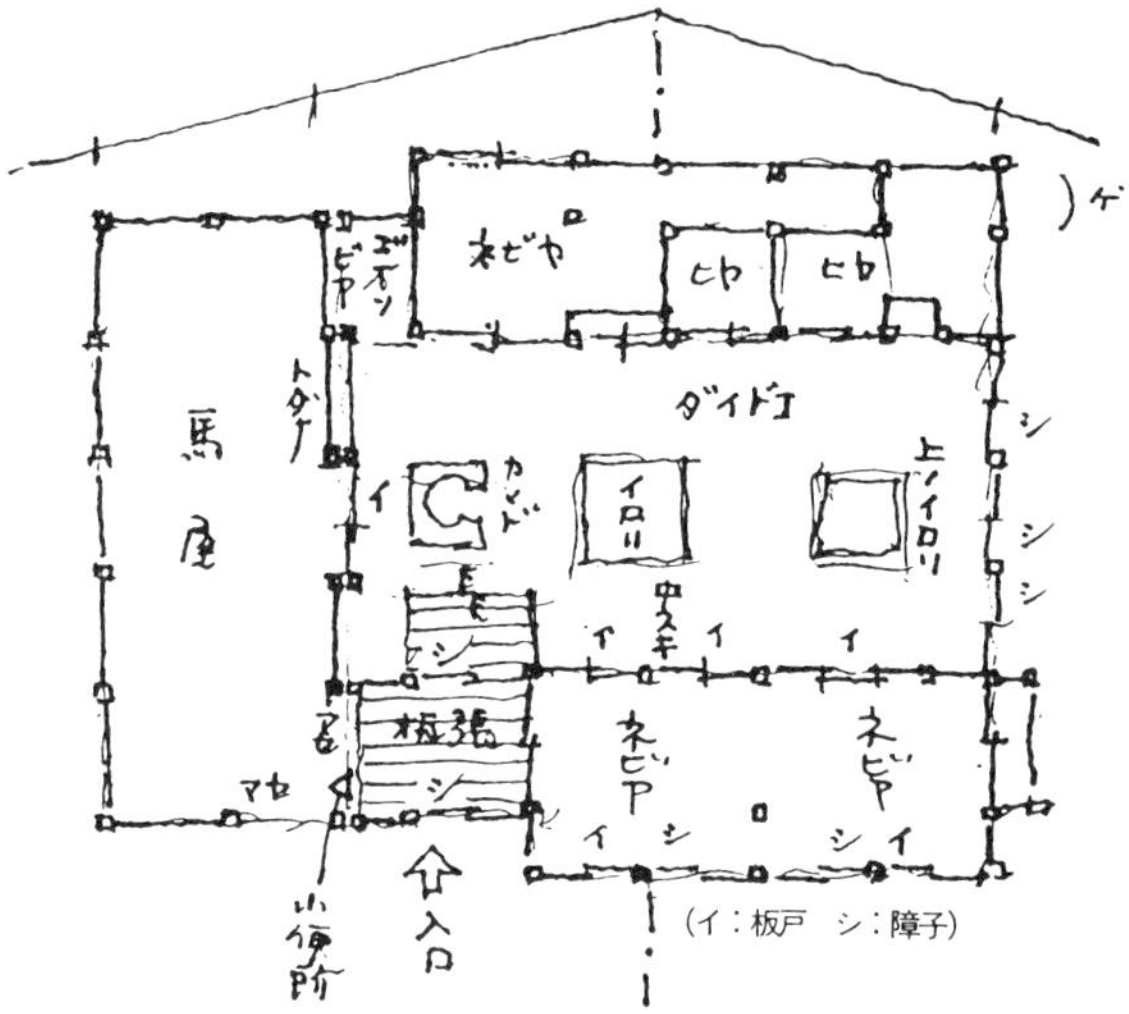

図9―――木曽福島郷土館の敷地内には開田村から移築保存された民家がある。建築年代は江戸末期から明治初年とされているが、古い形式と工法を残しているので私は200年ほど前と考えている。三岳村の民家と平面構成は変わらないが、開田村は一層寒く、桑の育ちが悪いため養蚕ができなかった。そのため平屋で軒も低い。土間はなく、板張りの上で土足を脱ぐ。

写真2―――木曽福島郷土館
(撮影／丸谷博男)

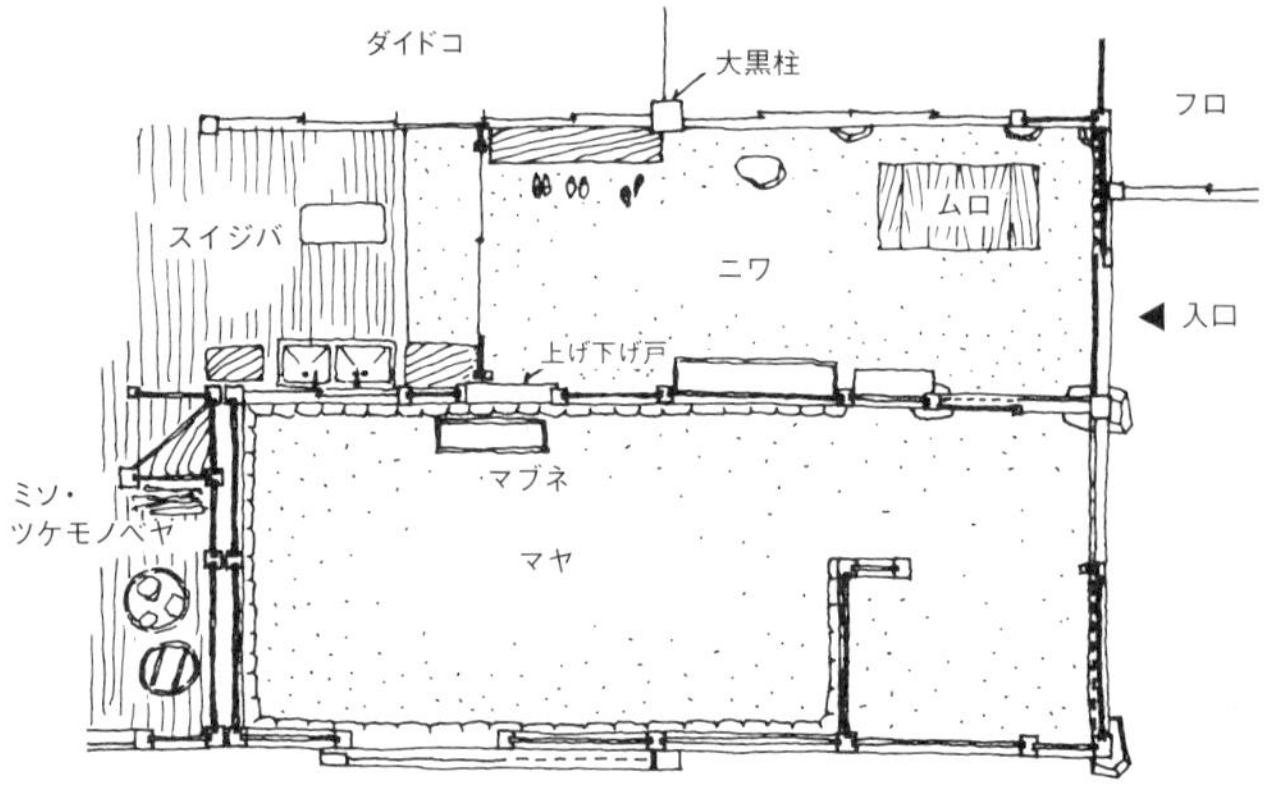

図10―――「マヤ」と「スイジバ」。もとはスイジバも土間の続きで、ダイドコとの境に流しと水桶があり、マヤの側にカマドがあった。湯を汲んでマブネ(かいば桶)に入れてやった。マヤの地面は厩肥〈きゅうひ〉をたくさん蓄えるために深く掘り下げ、ワラが厚く敷いてある。「マヤ」と「ツケモノベヤ」の間に2本の柱列があるように、「マヤ」と「ニワ」との間にも余分の柱列があることが多い。床高の差や耐久性のためだと思われる。

れてできた民家形式があってもおかしくはない。私には、中心に柱がなく炉を中心に周りに寝場所をつくる竪穴住居と類似しているように思われる。ここでは山村の民家を主にして説明しているが、木曽谷の宿場街の家の造りも基本的には同じである。

土間に近い方の囲炉裏はふだん使いで、煮炊き、食事、団らん、藁《わら》仕事、糸つむぎなど、生活のほとんどはこの周りで行なわれていた。土間の囲炉裏の近くに水桶と流しがあった。土間の奥は、漬物部屋や味噌部屋に使われている。仏壇は「ダイドコ」に面して、「ヒヤ」のひとつに食い込んで納まっている。奥の囲炉裏は冠婚葬祭や寄り合いなどの人寄せのときに焚《た》く。養蚕の採暖のために両方とも使うこともある。「ダイドコ」の部屋の短辺の寸法だけが、普通の三尺（〇・九メートル）の倍数の寸法からずれている。囲炉裏の寸法分三・五尺（一・〇五メートル）または四尺（一・二メートル）を加算した一五・五尺とか一六尺になっている場合が多い。今は畳やござが敷いてあるが、昔は板の間で、「ネコ」という藁を厚く堅く編んだ敷物を敷いていた。その寸法三×六尺と囲炉裏の寸法で部屋の幅が決まっている。

「ダイドコ」の土間と「デエ」に接する角に大黒柱、「ヒヤ」に接する角に小黒柱が立つ。ふだん使いの囲炉裏の上は吹き抜けになっていて、二階の障子を開閉して養蚕のときの熱の回り方を調節する。だから、大黒柱、小黒柱は通し柱で二階まで立ち上がっている。この二本の柱から、「ダイドコ」の長辺にかかる敷梁はみごとである。五間（九メートル）からときに六間（一〇・八メートル）という長さを、継ぎなしの太い敷梁が走る。「ダイドコ」と「ヒヤ」、「デエ」の間には「オビド」（帯戸、板戸）が入る。囲炉裏の煙に燻《いぶ》され、磨かれて漆をかけたように赤く光っている。何代もの嫁の苦労の跡である。

木曽谷の民家の永い歴史のなかで、今のような総二階造りになったのは、そう古いことではない。明治になって絹の輸出が盛んになり、それまでも続いていた養蚕が大きな収入源となった明治末から大正期のことである。それまでは、切妻の中央部の高い範囲だけに中二階があった。養蚕スペースを拡大するために、縁や部屋を増築し、さらに総二階を上げ、あるいは建て直された。谷中のほとんどの民家が改築されるという、建設ラッシュの時代があった。しかし、木曽谷の民家の基本的な間取りは、少なくとも三五〇年以上変わっていない。

豪農の家だけでなく、一般にも敷梁構造が使われるようになったのもその頃からである。敷梁を水平に回すと、その上の構造は下とは自由になる。一階の「ダイドコ」の方向と、大屋根の切妻の方向は無関係にできる。川岸から、あるいは坂を上がって近づいていくとき、屋根の妻側の方が先に見える家のほうが多い。しかし、間取りの向きは土地の条件に左右される。

馬も家族の一員

木曽駒の飼育は繁殖のためであって、自分たちの農耕に使うためではなかった。一軒で牝馬一、二頭を大切に育て、殖《ふ》えた仔《こ》を馬市に出す。自分たちが馬からもらうのは厩肥《きゅうひ》だけであった。

「マヤ」もひとつ屋根の下にあるのだが、「マヤ」との境には二本の柱列が並んでいる場合が多い。「マヤ」の床はたくさんの厩肥を溜めるために、石積みをめぐらして一・八メートルほど掘り下げてある。厚くたまった藁や厩肥の発酵熱で暖まる。「マヤ」の側の柱はその石積みの上に立つ。傷み方の違いと構造的理由から二列立てているのだろう。囲炉裏の横座《よこざ》（主人の座）に座ると馬の顔が正面に見える。「ダイドコ」から、沸かした湯を馬にやる。かいば桶もその側に並ぶ。人間の小便も「マヤ」に向かってするところもある。馬も家族の一員である。

養蚕のための二階

二階はすべて養蚕のスペースである。しかし、養蚕の最盛期には、「マヤ」を除く家中が養蚕のために使われた。そのときは人は蚕棚の間でざわざわという蚕が桑を噛む音のなかで寝た。家族全員がお蚕さんにつくす重労働であった。

二階は、梁が屋根勾配に沿ってかかる登梁《のぼりばり》構造になっている。この構造も養蚕の拡大とともに広まったものである。

一階の囲炉裏の熱が吹き抜けを上がってくる。二階の吹き抜け周りの障子を開閉して、熱をうまく回す。二階は天井が張ってあり、蚕齢によって数室に区切られている。間仕切り障子の上の欄間の板は、はずしたりずらせたりできる。天井にはあちこちに開閉できる穴があって、その上には短い筒状の立ち上がりが付いている。つまり、その煙突効果を利用して熱を逃がしたり、換気を図ろうというわけだ。昔のお蚕さんは今よりもっと病気や温度に弱かったという。お蚕さんのためのパッシブシステム[6]がいろいろ工夫されている。

木曽谷の民家は、木と馬と蚕なしにはありえなかった。そして人びとの労働と知恵がそれを形にした。

入念に建てられた板倉

塗り壁に適した土がないから倉も木だけでできている（図11）。火が心配だから母屋からは離れたところに立つ。一番大切なものは籾《もみ》である。来年の種籾、そして一年間の食料である。板倉の一階の大部分は、この籾倉である。忍び込んで籾を盗まれないように、床下に全部大石を詰めてある倉もある。二階は、普通の意味での蔵として使われる場合が多い。

✦6
建築の構造や仕掛けを工夫することで、機械力に頼らずに室内の熱や換気をコントロールする方法のこと。

衣類の箪笥《たんす》、人寄せのときの何十人分かの食器やお膳など。外の軒下には養蚕や脱穀の道具、その他いろいろ吊り下げてある。

板倉は小さいが、母屋よりもいっそう入念に建てられているのが普通である。三種類の構造形式がある。一般にもっとも古いのが、「通し貫《ぬき》の倉」といわれるものである（図11、12、写真3）。母屋と同じように、柱をつらぬく貫が出入口を除く四周を回り、楔で固められている。貫の間隔はその裏に落とし込まれる板の幅と同じだから、外からは板のはぎ目は見えない。それより新しいもので「落《おと》しの倉」という形がある（図13、14、写真5）。この場合は、通し貫がなく、より厚い板が柱の溝に落とし込まれている。いずれの板倉も、垂木《たるき》、登梁、二階柱、床梁、一階柱などの相互の割り付けを変え、几帳面な分数的関係に整えられている。階高を抑さえ、全体が美しい比例でまとめられている。

もうひとつ、数は少ないが「蒸籠造《せいろづく》りの倉」といわれるものがある（写真4）。これは、梁といってもいいような太い角材を積み上げたもので、高床ではないが校倉《あぜくら》と似たきわめてシンプルな構造である。[7] 三岳村に現存するものは、みな明治以降のものである。まったく同じ形式の倉が諏訪にもあったが、関係はわからない。明治以前の木曽では、こんな贅沢《ぜいたく》な木の使い方は許されなかっただろう。

民家はどのようにして建てられたか

家を一軒建てるのは大事業である。どの世代にでもできることではない。建主はまず杣《そま》棟梁に相談する。[8] 杣は大工棟梁を建主に推薦する。大工は杣と相談しながら、板図《いたず》を描く。杣はその地域の山に生えているすべての樹について完全な知識をもっている。板図を元に、どの材はどこに生えている樹が適切かを考え、建主の持ち山以外のものについては、所有

✦7 「真理姫の五輪塔」一二八〜一三〇頁参照

✦8 山林で働く伐木を生業とする人

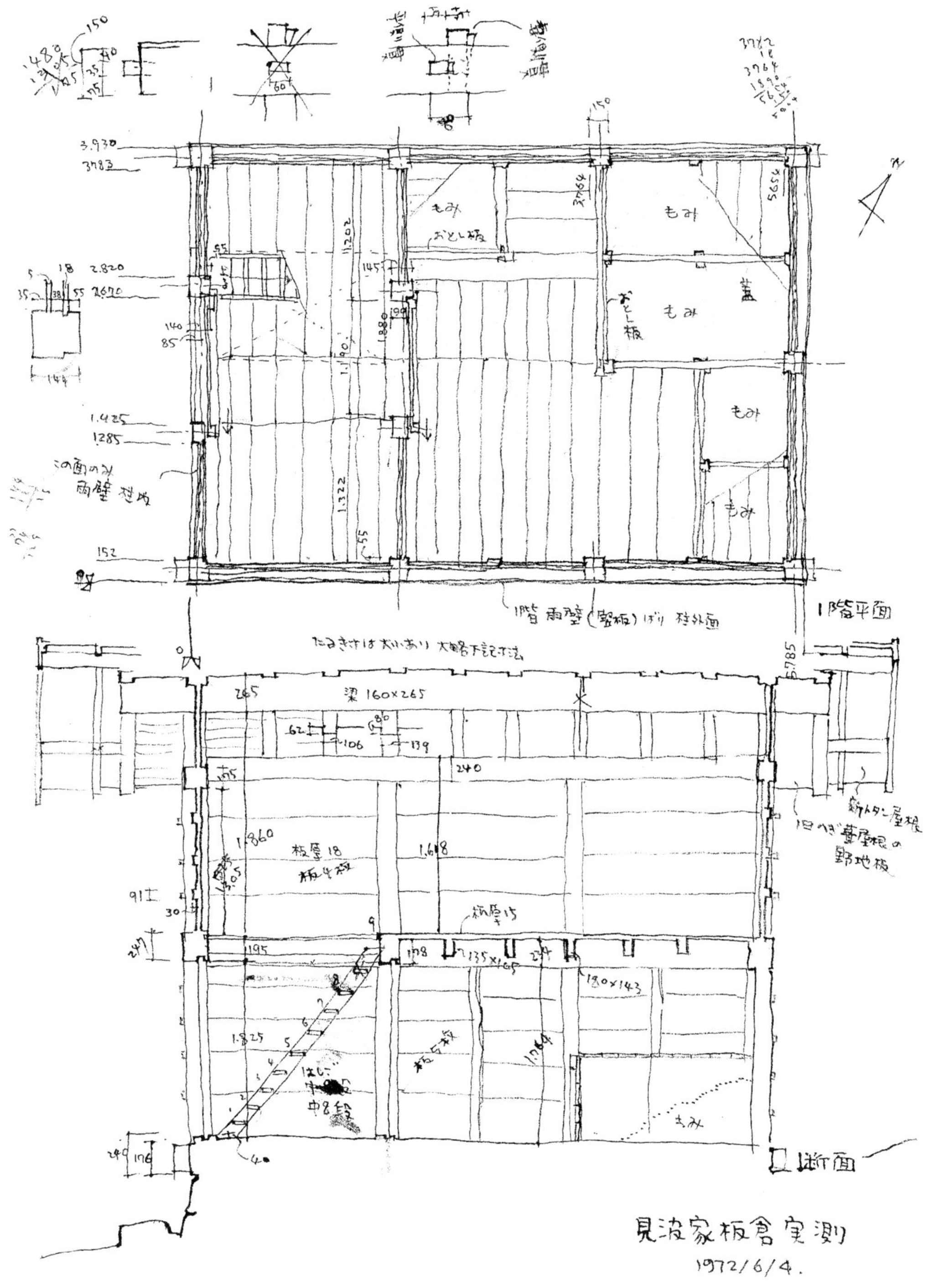

図11———見波家板倉実測図。「通し貫の倉」の例である。1階は種籾の貯蔵に使われている。私の板倉のアトリエは、この倉を移築したもの。

写真 3―――「通し貫の倉」(二子持集落)

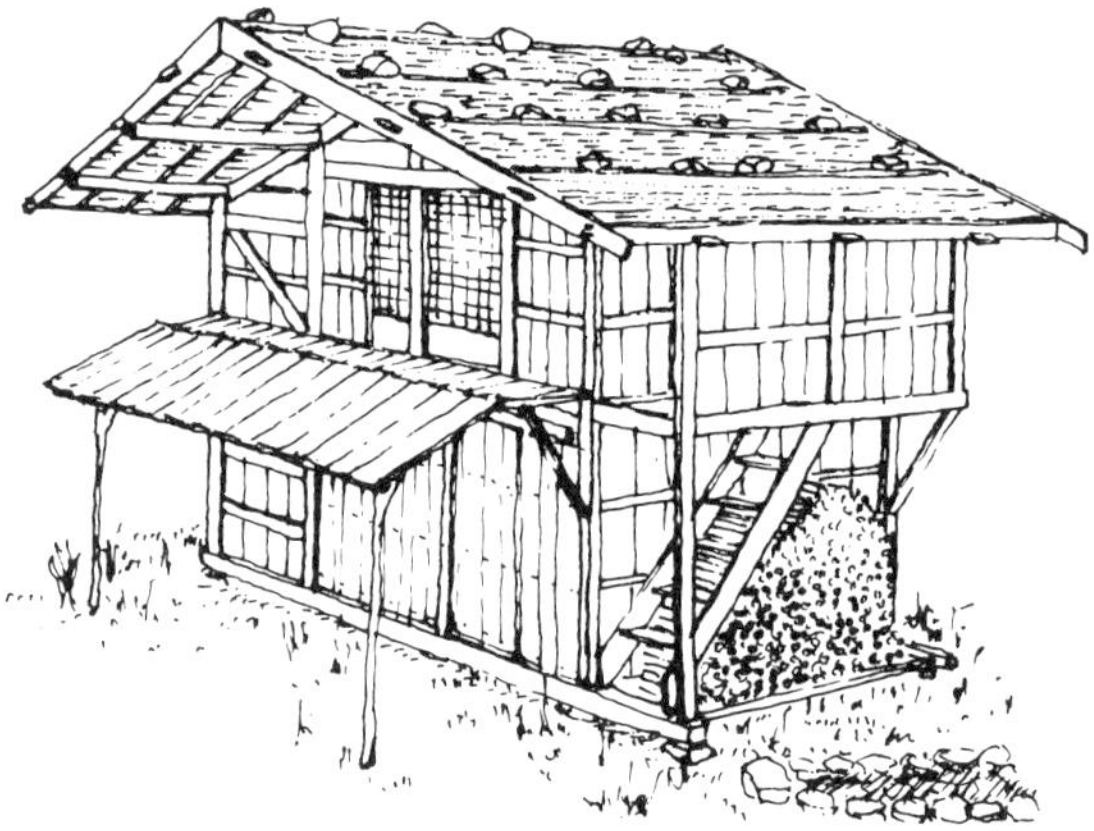

図 12―――「通し貫の倉」の例。柱を貫いて定間隔に貫が通り、柱とは楔で締められる。図の倉は縦板だが、本来は貫の裏側の板は横板で、厚板が柱の溝にはまる。板幅は貫の間隔と同じで貫の後ろで合わさる。

写真 4―――太い角材を積み上げた「蒸籠造りの倉」。明治以降に建てられたものだが、シンプルで風格がある。128-130 頁図 2、3、4 参照。(野口上村家)

写真5――「落とし の倉」(中切集落)。大きな切妻屋根が板壁を雨から守る。

図13――「落としの倉」。柱・梁に刻んだ溝に厚板を落とし込んだ構造の板倉。貫はなく、厚板の厚さは4、5センチメートルほどもある。

図14――「落としの倉」

94、95頁の写真および図版は丸谷博男氏提供による。

者の了解をとる。その場合、通常は金銭の支払いは必要ない。季節を見て杣は伐り倒し、大きな材はその場で木挽《こびき》✦9が挽《ひ》く、手斧《ちょうな》をかけるなどして、仕上げ代《しろ》を残した寸法にしてから下ろす。山から下ろすには雪と馬橇《ばそり》が大切な運搬手段である。こうして必要な木材を集めるには数年は必要であった。江戸時代には、村役人を通じて願いを出せば、伐り出してもよい山（明山《あけやま》）が指定された。

大工棟梁が材を刻《きざ》む。杣は仕上がりより一五ミリ太くまでしてあるから、大工は充分狂いを取ることができる。村のなかには、近隣や縁戚関係によってつくられている目に見えない共同体の複雑なネットワークがある。土工事や基礎工事には、そのネットワークが働く。建前も、棟梁の指揮下でネットワークが手伝う。建主一家はその日の仕事が終わった後の振舞いの準備で忙しい。

共同体の分担はまだある。それぞれが、建主との関係で分担すべきへぎ板の枚数についてあらかじめ腹づもりがあり、ふだんから準備をしている。建前がすめば、持ち寄って屋根を葺く。棟札《むなふだ》には、杣棟梁が先に、つづいて大工棟梁の名前が表記される。杣棟梁の方が上位である。

私は、私が譲っていただいた板倉（九三頁図11）とその母屋の解体に立ち会った。棟梁が一人と後は共同体の人たち三〇人ほどが集まる。棟梁と男衆は上に登って大梁をはずして吊り下ろす。女衆は下で受けて運び出す。上と下は声をかけ合って進む。日が暮れるまでには、大きな家と板倉はきちんと整理された材の山になっていた。それから、料理と酒、そして木曽節と踊り。

私は、このとき初めて板倉の組み方がきわめて特殊なものであることを知った。すべての壁面の板が、柱と梁の溝に落とし込まれ、梁や桁が抜きほぞで組み合わせてある「通し貫」の板倉は、石を降ろせば屋根をはずすまではできるが、壁は普通の方法ではどれひと

✦9
伐採した材木を大鋸〈おが〉で挽き、板に製材する職人

つの材もはずすことはできない。まず、すべての柱の足下に二枚の楔を打ち込んで、柱を土台から浮き上がらせる。そして、板倉全体に横にロープをかける。ロープを少しずつ緩めながら、壁一面ずつを外側に傾けていく。梁と桁とを組んでいた四隅のほぞがはずれれば、壁面は上から分解できるようになる。まるで箱根細工のようだ。建方の場合もこの逆順になる。「建前」という段階がなく、組み上がったときには板倉はほとんどできあがりである。

家を建てるのに必要な現金の支出は少ない。木材には普通金銭は不要だったし、杣と大工の手間賃は米で支払うこともできる。建具の材料も支給である。釘金物は鍛冶《かじ》屋に支払わなくてはならないから、なんでも木で工夫する。酒代が一番かかる。あとは共同体に対する精神的な借りである。これは何世代もかけて返していく。

木曽には「かんこ」（勘考のなまり）という言葉がある。「あの人はかんこいい」、「ひとつ、かんこせにゃあかん」などと使う。手先の器用さというよりは、頭を使って手順を考える、という意味である。共同体のなかには、それぞれの仕事について、みんなが認める「かんこいい」人が必ずいる。

この共同体のネットワークは今大きな危機にある。その最大の原因は、日本を吹き抜けた経済変革の嵐だろう。木曽の民家での直接のきっかけは、石油ストーブにあったのではないかと思う。囲炉裏の煙が途絶えたとき、屋根のへぎ板はたちまち腐りが早くなった。誰かが自分の家をトタンに変えてしまうと、彼は共同体のへぎ板の分担から抜けてしまう。数人が抜けると、へぎ板の屋根を維持することは不可能になって、木曽の風景から石置き屋根が消えていった。同時に共同体のつながりも弱くなる。

木曽には今はもう本来の木曽駒はいない。別の馬もだれも飼っていない。養蚕のやり方も変わったし、養蚕自体が衰退してしまった。「マヤ」は、床を張ってキッチンや食堂になった。広い二階の一部は若夫婦の寝室に改装された。構造体がしっかりしているから、どんな改造にも耐えられるのだが……。

民家の背景と産業

三岳村の若宮神社の境内に、縄文の竪穴住居がひとつ復元されている。木曽谷に縄文の遺跡は数多くあるが、弥生はほとんど見つかっていない。弥生期の寒冷化が原始的農耕への移行を阻んだのではないだろうか。

歴史に初めて表われる木曽の産物は、「麻衣《あさぎぬ》」である。万葉にも歌われている。糸の細い上等な麻織物（細布）で、都びとに好まれた。

木曽路の名が歴史に登場するのは、まさに大宝律令《たいほうりつりょう》が頒下された年、大宝二年（七〇二）で、続日本書紀に「岐蘇山道《きそのやまみち》を開く」とある。また元明天皇和銅六年（七一三）には「吉《き》蘇《そ》路を通ずべき詔《みことのり》あり」、さらに翌、和銅七年（七一四）に「美濃国司以下三人、吉蘇路開通の功を賞せらる」とある。当時は美濃と信濃の境は鳥居峠とされていたから、このことは、「美濃から信濃に通じる『木曽路』が開かれた」ことを意味している。木曽から出土した六面の八稜鏡は、この古道の通り筋を示している。

中世、いまだ中仙道の交通が発達していなかったとき、木曽谷は飛騨とのつながりが強かった。開田、三岳、王滝などの奥地には、峠を越えて点々と住みついた人たちがいたと思われる。木曽谷と飛騨の間には、石器時代からの幾筋もの黒曜石を運ぶ路があった。乗鞍越え、野麦峠、長峰峠などがそれである。和田峠から採掘された黒曜石の原石や、諏訪湖周辺で大量に加工された矢尻は、北は東北から南は中国地方の半ばまで運ばれていた。『信濃風土記』に檜、さわらを木曽の産物としているように、木曽の良材は早くから注目されていた。一六世紀以降では、信長の命により伊勢神宮用材、秀吉により東大寺、聚楽《じゅらく》第《だい》の造営、江戸になると江戸城をはじめとする都市建設にともなう大量の木材が木曽から伐り出されるようになる[10]。

治承四年（一一八〇）、木曽義仲が旗揚げし、京に攻め上って征夷大将軍にまでなったが、義経に敗れて死んだ。

それから約一五〇年後、ふたたび木曽谷に戦国木曽氏が現われる。木曽氏は、三岳村の御嶽神社や若宮神社を尊崇《そんすう》し、棟札、鰐口《わにぐち》[11]、絵馬などを寄進していた。その頃の三岳村にはおそらく百数十の戸数があり、階層分化も進んでいたと思われる。そのなかの郷士たちが、戦国木曽氏の在郷武士団に加わっていた。三岳の武士団は、搦《から》め手（敵の背面）の守りを受けもっていた。いくたびか甲斐武田と戦い、そして和議を結んだ。

戦国木曽氏の事実上の最後の主、木曽義昌《よしまさ》は、信長側について武田勝頼《かつより》を破り、功を上げた。しかし、秀吉の代になると、下総への移封を命じられる。天下を取った秀吉は木曽の美林を手に入れたかった。義昌には自分の運命がわかっていたのだろう。妻子と家臣を残したまま、少数の供を連れて下総に行った[12]。残された義昌の妻真理姫《まりひめ》は信玄の娘で、幼くして政略結婚した。彼女は末子とともに三岳村の家臣上村《かんむら》氏に預けられた。木曽氏は三岳村の家臣団に特別の信頼を寄せていたのかもしれない。そのときに三岳村に帰農した家臣たちもいた。

徳川の時代になると、木曽は天領となり、木曽氏の家老であった山村氏が代官に任命される。そのとき家康は、山林経営の制度は木曽氏の定めを継承せよと命じた。その後木曽は尾張藩の管理となり、山林は尾張藩の直轄、民政は山村氏と分担することになり、幕末までつづいた。山村氏は、つねに食料の半分を移入に頼らなければならない木曽谷を維持するために、熱心に産業の育成に努めた。木曽谷の人口は、江戸時代後期以降は現在とほぼ同じ三万二五〇〇人もあった[13]。

✦10
現在、木曽郡の面積の約七〇％は国有林である。しかし、その美林は保存されているわずかの部分しか残っていない。戦前は帝室御料林、その前は尾張藩のものだった。村有・民有林はわずかしかない。あまりにも美林であったためである。

✦11
神社や寺院の堂前、軒先に掛ける鳴らし物のひとつで鉦鼓〈しょうこ〉を二つあわせたような形をしている。中は空洞で下方に鰐の口のような一文字の裂け目があることから呼び名が付いた。

✦12
「真理姫の五輪塔」一一五頁以降参照

✦13
「木曽巡行記」一〇八頁以降参照

尾張藩の林政は非常に綿密で、幕府成立後の都市建設のための膨大な需要によって荒廃した木曽の森林を再生した。尾張藩が最初に山の荒廃に気づいたのは、木曽川の洪水の頻発からであった。山林奉行を置き、林政を直轄とし、厳しいがきめの細かい保護をはかった。山の労役が主な租税だったが、民生に必要な木材は、村々に「切符」が割り当てられ無償で還付された。✦14

中仙道は日本最古の幹線道路である。江戸時代に入ると、東海道が開かれるまでは主要な参勤交代の道だった。交易が盛んになると、文化も流れ、ときには疫病も運んできた。疫病の蔓延《まんえん》で木曽谷の人口が半減したこともある。

江戸後期になると、信仰を理由とした旅行が自由になる。封建の束縛がゆるみ、近代化の芽が動き出した時代である。同時に、日本のあちこちの山が噴火し、気候の寒冷化と飢《き》饉《きん》がつづいて、人心の不安な時代でもあった。伊勢講、富士講、善光寺詣りなどが盛んになって、中仙道の往来も激しくなってきた。三岳村の名主層は、木曽福島の商人たちと謀《はか》って、代官山村氏の意向に逆らって御嶽信仰の大衆化を進めた。それまでの御嶽山は、苦しい修行に耐えた行者《ぎようじや》たちだけに開かれていた。登りさえすれば現世の御利益が得られるととなえる覚明上人《かくみようしようにん》をかくまい、登山道を開き、強行登山をした（天明・寛政年間、一七九〇年前後）。こうして御嶽講は江戸、大阪に多数広まり、地元には経済的利益がもたらされた。漆器、塗櫛、檜笠などの木工芸も盛んになった。

木曽の林業技術はもっとも優れていたので、全国からそれを学ぼうとする人たちが集まった。労働の後には故郷の歌が出る。木曽には全国の民謡が残された。

伐り出された材は、王滝川の支流を流して（小谷狩《こたにかり》）✦15、木曽川本流を管流し《くだながし》（大川狩《おおかわかり》）し、岐阜県八百津《やおつ》の錦織網場《にしきおりあみば》で筏《いかだ》に組まれた。危険な丸太の上を跳びあるいて筏に組むのが「中乗りさん」である。中乗りさんは筏を操って、木曽川を名古屋まで下る。彼らは娘た

✦14 「木曽の山を再生した尾張藩の林政」一〇七頁参照

✦15 「ある地変」の「田畑も消え、集落は移動した」の項（一一六頁）参照

ちのあこがれであった。土産《みやげ》と都会の話をねだった。木曽川は木材を運び文化をもって帰るもうひとつの道であった。伐採・搬出などの実務は、京都の角倉《すみのくら》、江戸の紀伊國屋《きのくにや》などの大商人が請負っていた。

養蚕の盛衰

先に述べた木曽の最初の産物である麻の栽培は戦前まで続いた。木曽の人たちは麻を普段着ていた。一方、木曽谷での養蚕の始まりがいつ頃かははっきりしないが、江戸中期には、売上高で絹が麻を上回るようになっていた。尾張藩と山村代官の比較的穏やかな統治に甘んじていた木曽谷の人たちも、明治になると、租税は金納になり、現金収入が必要になってきた。水田や耕地の少ない木曽谷では、斜面の荒れ地でも育つ桑畑を増やし、繭《まゆ》を増産することは都合が良かった。段丘の奥の斜面を開いて桑を植えた。そこからは直接二階の蚕室に桑が運べる。明治の中頃から生糸の輸出が国策となったことも幸いした。

木曽福島と上松に製糸会社ができ、不便だった繭の輸送の問題もなくなった。蚕糸組合ができ、養蚕の技術の講習会が開かれ、「養蚕教師」が巡回指導し、家の建て方までも指導するようになった。三岳村の民家の数々の工夫も、こうしたなかから生まれたものにちがいない。養蚕が木曽谷に景気をもたらした。家は競って増築され、建てなおされた。大きな総二階の民家は、すべて明治末から大正期にできたものである。

景気の風は変わることもある。大正の終わりに近づくと、生糸の価格の下落が始まる。昭和初めの世界恐慌は、木曽谷の養蚕にとどめを刺すに近い打撃を与えた。立ち直った後、ふたたび戦争のダメージを受けた。

悲しき木曽駒

木曽駒は日本在来種三系統のひとつである。鎌倉時代から飼われていたという。寛文五年（一六六五）代官山村氏は、木曽駒の体格・性質が衰えていることに気づき、奥州南部から牡《おす》馬三〇頭を購入し、全村に配布・飼育させた。その後も、木曽駒の飼育を奨励し、毎年良馬を買い上げて馬匹《ばひつ》の改良と保存に努めた。

「木曽駒は鞭《むち》を知らない」といわれるように、小柄でおとなしく足腰が強く粗食に耐えるという、もっぱら農耕・荷役馬である。飼育する人たちは、自らは労働に使用せず、仔を生ませ、育てて換金するのが目的だった。夏の間は山に放ち、冬は同じ家の中に暮らし、厩肥をもらった。代官所の馬についての統計は、人のそれよりも完璧だったといわれている。秋に山に馬を迎えに行くと、ときに仔馬を連れていることもあった。そんなときには、すぐ届け出をしなければならなかった。

木曽駒の需要が増えてくると、「馬地主」、「馬小作」というものが現われてきた。街道筋の有力町人や富農が多数の牝馬を所有し、貧農に貸し付けて繁殖させて、仔馬の売却代金の半分ないし三分の二を取るというものである。三岳村のなかでも数十頭を持った数軒の馬地主が生まれた。江戸時代後期には、木曽谷全体では牝馬数千頭がいたと考えられている。木曽福島の馬市は日本三大馬市に数えられ、芝居、見せ物小屋、露店が立って賑わった。

日本の軍国化は、木曽駒を絶滅の危機に追いやった。軍馬としては貧相な木曽駒に、軍は外国種馬との混血を強制し、ひどいことに牝馬はすべて去勢された。その結果はもはや農耕馬として使いものにならないものになってしまった。木曽は馬を飼うのを止めてしまった。たった一匹、ご神馬として難を逃れた牡馬がいることがわかり、かろうじて種の断絶を免れた。日本の軍国主義は、こんなところにも悲しい犠牲者を生んだ。形質の近い馬を選んで交配を繰り返し（戻し交配という）、かつての木曽駒に近いものを復元できたが、彼らの本来の働く場はなくなってしまった。

大工の奨励

山林労働は季節的である。そして人々は木の扱いに慣れている。山村氏は、大工の奨励に力を入れた。京都からたぶん禁裏《きんり》の御用[16]を勤めていたと思われる棟梁田中善吉を招聘《しょうへい》して、大工取締に任じた。棟梁たちを集めて大工仲間（ギルド）をつくらせ、そのもとに、大工、手元[17]、木挽、指物師《さしものし》[18]、鍛冶《かじ》らを属させた。田中氏は、幕末までその職を世襲し、日義村の宮の越、原野を中心に、棟梁のもとに集まる十数組の集団を育てた。棟梁のなかには、現在重要文化財に指定されている建物を手がけ、名を残している人もいる。

木曽谷のなかだけでそんな建築需要があったわけではない。彼らは、松本、諏訪、甲府、名古屋、ときに江戸、大阪までも出稼ぎに出ていた。三岳村の民家も、彼らの末裔《まつえい》たちの仕事である。実測してみると、柱の間隔を京間三尺一寸五分（九六センチメートル）の倍数で取るか、関東間三尺（九一センチメートル）を使うかなど、棟梁の系統の違いもあるようである。村の老人のなかにも、若い頃に出稼ぎに加わった経験のある人たちがいる。

私の板倉とその母屋を解体したとき、母屋の二階の隅に埃《ほこり》にまみれて、今は骨董的なテッサーの三・五レンズが付いたツァイスイコンタカメラと現像・引伸機のセットを見つけた。大工道具の箱の中には、スタンレー社の自在反り台付き鉋《かんな》（金属製の鉋で、ばね鋼の反りを変えて曲面を削るもの）が入っていた。現在の当主の亡くなった父親の持ち物で、彼は腕のいい大工であり、「しゃれ者」でもあったそうである。それにしても彼の若かった大正時代に、この買い物は収入のどれだけに当たったのだろうか。

[16] 宮中の御用のこと
[17] 傍について助手をつとめる人
[18] 家具職人のこと

考えてみると、木曽は辺境ではなかった。木曽はそれぞれの時代といつも積極的にかかわって生きてきた。時に時代の変化は大きな打撃を与えたこともあったが、それをしたたかに乗り越えてきた。これから木曽とその美しい民家はどう生き抜いていくだろう。

明治政府の官・民有区分と自然法

江戸時代を通じて、木曽の山は「自然法」が支配していた。山に育つ上質な樹木（「五木」という）[19]と鷹狩りのための鷹は徳川様のものだが、その他の雑木、山に生える下草、茸《きのこ》や山菜、鷹以外の鳥獣、焚き付けとしての枯枝、放牧馬の天の恵みは、川の水のようにそこに住む万民の共有物と考えられていた。共有物だから、その利用には自然の永続性を妨げないというルールが守られていた。

尾張藩の山林奉行市川甚左衛門が、山林の再生のために巣山《すやま》、留山《とめやま》、明山《あけやま》の制とその運用を考えたときにも、自然法との調整が必要だったし、誰かが養蚕の拡大のために山裾《やますそ》の雑木林を桑畑にしようとしたときの是非の判断にもそれが働いただろう。開墾《かいこん》は規制されていて許可が必要だったが、人々はそのことを理解していただろう。木曽の民家と集落と自然との美しい調和は、この自然法のもとで、人々の謙虚さと勤勉によって生み出されたものであった。

明治九年（一八七六）、そこに明治政府は「近代法」を押しつけてきた。徳川様のものであった山は丸ごと天皇の「持ち物」となり、私有を証明できない土地は国家の財産である、……と住民側は解釈した。下草取りも馬の放牧もできない。代々耕してきた畑の私有を証明する書付けなど誰が持っていようか。サボタージュは谷中に広がり、大もめにもめた。大がかりな盗伐も横行した。信濃毎日新聞の社説は「畏《おそ》れおおくも……」と書き出しなが

✦19「木曽の山を再生した尾張藩の林政」一〇七頁参照

ら、明治政府の非をせめ、住民の「入会権《いりあいけん》」[20]を主張した。明治三八年（一九〇五）金二四万円の御下賜金をもって手打ちが行なわれ、各村は配分して植林し、五〇〇町歩の恩賜林を遺《のこ》した。人々の手の届かなくなった国有林は、その後の九〇年でほとんど食いつぶされてしまった。

今、世界は新しい「自然法」を「近代法」の上に置く必要性を感じ始めている。新しい自然法とは「地球法」というものではないだろうか。木曽谷の歴史は、自然と人との永続的な調和について大切なことを教えてくれている。

[20] 一定地域の住民が、燃料、肥料、飼料用の草木や落ち葉の採取、牛馬の放牧などを目的として、一定の山林原野（入会地）に立ち入る慣習を一般に入会といい、入り会う権利を入会権という。

横井戸は天与の恵み

木曽には横井戸が多い。段丘面が山に移るところに、山に向かって横井戸を掘ると、山を貫いてきた地下水がしみ出してくる。何本にも掌状に掘り広げて、垂れてくる水を集め、それを木樋やパイプで屋外や台所の水桶にため、溢《あふ》れた分は池や水路に流す。道脇で村人や旅人に共用されている井戸もある。冬は暖かく、夏は手をつけていられないほど冷たい。山の森が健全なら水量は一年中変わらない。安物のお茶の葉でも美味しくなり、ビールや西瓜《すいか》を冷やすにはぴったりである。天与の恵み、もったいないが止めることはできない。

入口の扉を開けたところに蝿帳が置いてあって、夏の冷蔵庫代わりであり、冬凍っては困るものをしまっていた。

私の山荘のすぐ横にも一本ある。入口の穴は幅〇・六メートル、高さ一・二メートル、屈《かが》んでどうにか入れる。すぐに五本に分かれる。そこからは高さがどんどん低くなって〇・六メートルあるかないか、這《は》わなければならない。すべて素掘で、一カ所からポタリポタリと落ちてくるのが集まって床を流れている。一番深い穴の奥行きは三五メートル、合計一〇〇メートルではきかないだろう。

こんな穴をどうやって掘るのか、村の老人に聞いてみた。木車が四つ付いた板の上に屈んで膝をつき、両手で前に進む。後ろには縄がついていて、入口の外で、たいていの場合はおかみさんが、その先を持っている。切羽《きりは》につくと、手掘の道具で掻《か》いた泥を自分の膝と胸の間に詰め込む。あごまで一杯になったら縄を引いて合図を送ると、引き出してくれる……ということであった。これは家族と子孫のためにと思わなければできることではない。飲むたびに手を合わせなければ申し訳ない。

山荘の脇の井戸は、我々の三世代ほど前の人が掘ったもので、五軒が使っている共有物だった。入口が崩れていたので、私が石積みをして扉をつけ、六軒目に加えていただいた。

村役場の工事で四軒が引っ越してしまい、私の家と地主さんだけが残った。

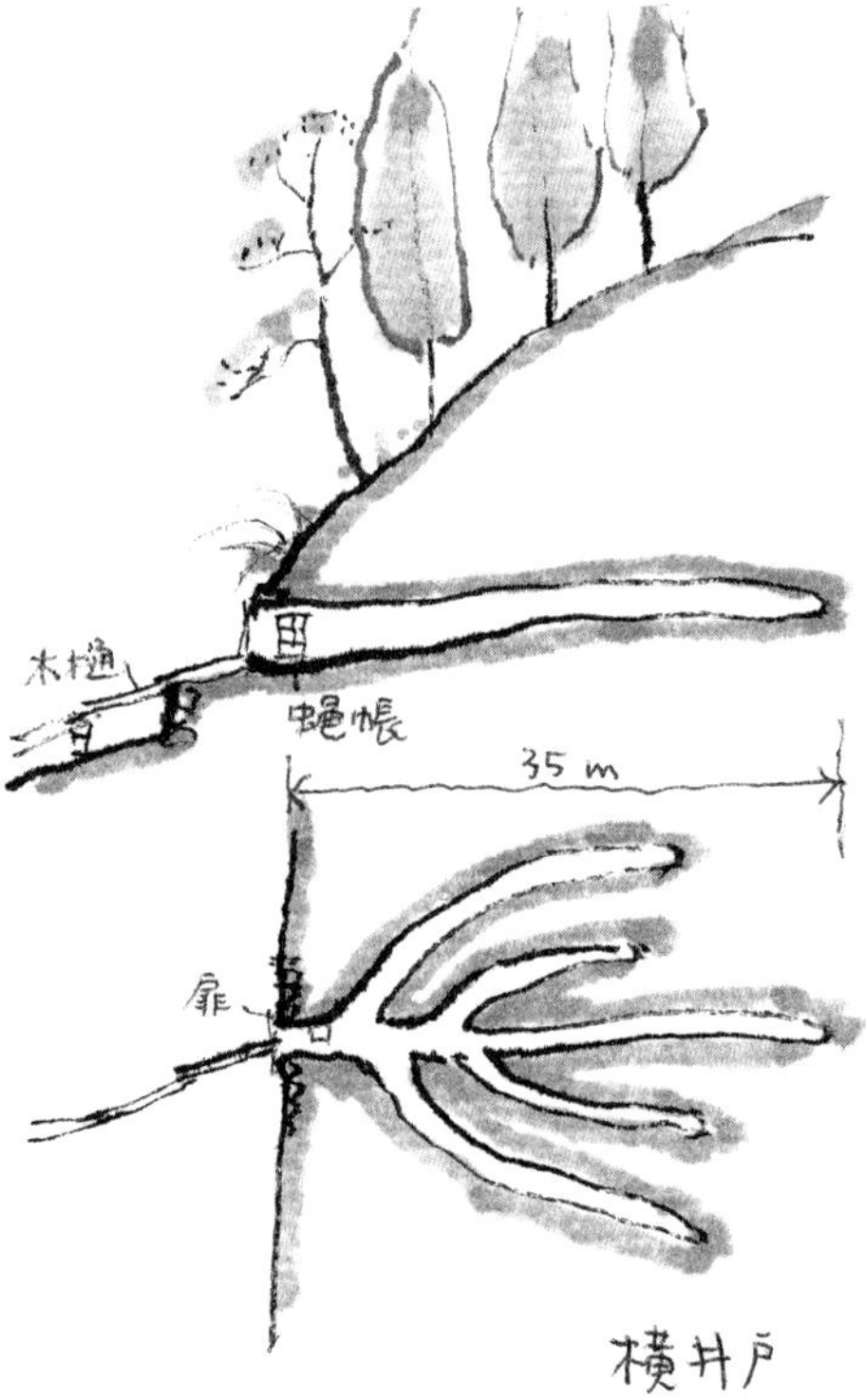

木曽の山を再生した尾張藩の林政

山林の荒廃を知った尾張藩は、寛文四年（一六六四）、三カ月をかけて飛騨側を含む木曽全体の綿密な調査を行なった。木曽川本谷筋ばかりでなく、御嶽山麓の奥地まで「尽山《つきやま》」（木の尽きた山）が広がっていた。翌年、それまで民政とともに代官山村氏の管轄であった林政は尾張藩の直轄となり、一転して山林の再生・保護と、厳しく管理された利用に切り替えられた。

尾張藩が採った森林再生の方法はきわめて適切だった。植林による樹種の画一化を採らず、伐採適期のものだけを択伐《たくばつ》し、小木や雑木を残して自然更新させ、原則として場所に適した樹種が自然選択されるのに任せるという方法だった。

保護と利用については、二つの制度が併用された。保護区の設定と、樹種による利用制限である。「留山《とめやま》」（いっさいの立木に手をつけることを禁ずる地域）、「巣山《すやま》」（鷹の営巣地）、「明山《あけやま》」（制限はあったが住民の利用が許されていた地域）に区分された保護区は、森林の状況によって、指定範囲が切り替えられていった。後に「鞘《さや》」（巣山・留山の周りを囲う制限地域）が加えられ、明山はだんだん縮小された。

利用制限される樹種は「留木《とめき》」、あるいは「停止木《ちょうじぼく》」と呼ばれ、檜、さわら、あすなろ、高野槙《こうやまき》の四木、次いで、ねずこが加えられて「五木《ごぼく》」となった。五木は民有林であっても伐採を禁止されたが、申請によって許可された。住民が自由に使えるのは松以外にはほとんどなかった。こうした制限の一方で、手工芸品の製造や民生用として御免白木《ごめんしらき》（許可された木材）が村々に配分された。木工芸が盛んになると、白木の配分は増やされた。この制度の実施には村々の自主的管理が求められた。住民は日当をもらって見回りをし、報告の書付けを提出した。

こうした尾張藩のみごとな林政が、木曽の山を再生し、美林を残したのである。

江戸時代のようすを伝える『木曽巡行記』

尾張藩の隠密《おんみつ》岡田善九郎が、天保九年（一八三八）に木曽谷一円を調査して、藩に報告した『木曽巡行記』が残されている。隠密というのは、今でいうスパイのようなものではなく、正式な調査吏で、この場合は代官山村氏の民政を監査するのが目的であったと思われる。ちょうど私の板倉が建てられた頃（巡行記の五年前）のことである。

『木曽巡行記』は、紀行文の文体で書かれていて、村から村へ移る道程の風景や路の難渋、村の地味、戸数、物産、馬数、米の収穫量は匁《もんめ》の単位まで記され、五年前の調査との変動統計（前回は飢饉のさなかだった）、そして次の村への路……といった記述が続く。今その路を歩いてみても、巡行記のあの記述はこの地点に立った景色だとわかるほど、文章は生き生きとして、人々の生活のようすをうかがうことができる。

『木曽巡行記』の三岳村黒沢の一部を写してみよう。彼は、開田村から入ってきた。

（文中、句読点、仮名使い、一部の漢字、ルビは加筆・修正している）

「床浪沢の鹿の瀬川といえるより南は黒沢分なり。西野より黒沢の倉本まで二里あり、南の方爪先き下がりなり。鹿の瀬川を越えて原野を南下がりに瀬戸の原という人家あり。それより七八丁湯川という河原に温泉あり、倉本の湯という。婦人血の道疝積《せんせき》（腰痛）によし。湯は甚だ温かからず。湯治の者もあれども秋過ぎては入りがたし。御嶽の山腹、東の方に流れ出る川三筋あり。つめた川、鹿の瀬川、湯川なり。末川、西野川と落合いて黒沢に至り王滝川と合流して三尾村を経、木曽川に入る。これ谷中第一の大川なり。倉本といえるは末川西野川の岸、南向かいに人家拾五軒あり。日向よき在所なり。この辺り独活《うど》を取りて薬に売る。それより川岸爪先下がり両岸に人家あり。橋を渡りまた南に行くこと半里ばかり、御嶽本社あり。この辺を本社川といい、また末川渡《ど》ともいう。本社の森は檜・さわら多し。橋あり、長さ拾六間刎《は》ね懸《か》け作り橋杭なし。橋を東に渡り川岸に人家あり、田中という。黒沢の庄屋本なり。この所王滝川落合い、社の木立、橋のかかり大河の三つ又、絶景木曽第一ともいうべし。」

ここまでの路程、風景は今も変わっていない。田中家はもと原氏と名乗り、木曽城搦《から》め手の守りを受け持っていたが、木曽氏の下総移封（一五九〇年）にあたって帰農、黒沢村の庄屋をつとめた。当時の黒沢村の中心集落中切にいたが、間もなく水害で中切から元屋敷に、その後現在地に移った。

巡行記にある田中家の建物は現在もその当時のまま建っている。ただ、「木曽第一の絶景」はダムで河床が上がり、その面影はない。以下は黒沢村全体についての記述である。

「一、此の村は王滝川岸より御嶽根廻りへわたり、野広にて人家も洞々三拾七ヶ所に分かれ、畑多き地にて諸作物取実薄なれども、西野、末川よりは暖かなる故、米も取るなり。そのうち東股、井原、野中、永井野、瀬戸ヶ原、倉本、白崩、屋敷野といえる所は山際にて麦も生立ちかね、上垂《かみだれ》という所は奥深にて土性悪しく至って難渋場所なり。和田、黒瀬というは王滝川北岸日うけの場所なれども田畑少なく山かせぎ第一にいたし、その外一村杣、木挽に出る者四十三人ほどあり、女馬四百四十三匹飼立つ。福島町人より預り馬もあり、また夏の内は御嶽登山の旅人多く、田中に旅籠屋《はたごや》、茶屋もあり渡世となす。

一、御嶽山若宮は田中の北川岸にあり、社地境内享保九辰検地の節、拾四町弐反四畝歩余といえども、木曽方留記には神領四町六反壱畝とあるよし、境内檜・椹《さわら》多く社も壮麗なり。毎年六月拾二日試楽《しがく》、十三日流鏑《やぶさめ》神事あり、福島の家士三人来りて騎射をつとむ。神楽もあり諸人群集す。本社は橋向、川の西岸にあり、境地広からず、小山の上に社あり、檜・椹は森々たり。」

集落の数も現在とほとんど同じである。この後、若宮神社、本社（御嶽山の里宮）などの記述も今と変わりがない。文中享保九年の検地とあるのは、尾張藩が一七二四年木曽谷全域で行なったものを指す。途中の一部を省略して、次は三尾村の記述。

「一、この村は王滝川の両岸に長くありて、小谷等入込みの場所弐拾弐ヶ所に家数分かれ、その内桑原は南受けよき地所なり。山村家の給人桑原伊左衛門、同與一右衛門といえる者地方《じかた》三町弐反四畝余ひかえおり、屋敷あり。桑原本姓は三尾氏木曽家の一族なり。三尾の内おばの林、樽ヶ沢、兵沢という所は谷狭く北面にて地性もあしく諸作物も生立ちかね、尾尻平という所はことさら陰僻の地にて山民十五軒あれども蕎麦《そば》稗《ひえ》または草の根、木の芽などを食とす。その余は土肥え米麦も取上げ、菜園物、川魚等を捕り、福島へ売り渡世とす、女馬百四十七匹飼立て、大工、杣、木挽、材木日雇等六十人ほどあり」

『木曽巡行記』に記された統計数字から、現在の三岳村の範囲（黒沢村と三尾村の合計分）、および全木曽谷合計の人口、戸数、上納高を表にすると別表（一一一頁）のようになる。括弧内は飢饉による影響で、三岳村は他村よりも被害が少なかった。

表の上納高は年貢として納められた分であるが、天領であった木曽谷では結果としては谷の中で消費された米に含まれる。同じ年の木曽谷での米の全収穫量は約六〇〇〇石あったと推定される。これに雑穀類、栗、蕨粉《わらびこ》、酒粕《さけかす》、豆腐かすなど食料となりうるものすべてを加え、米に換算して三万一五〇〇石。これに対して谷中の必要分は約五万三〇〇〇石。差引き二万一五〇〇石は、伊那谷や松本平から買い入れなければならなかった。代官山村氏も住民も、産業を興し現金収入を計らなければならなかったのである。

この八五年前、宝暦三年（一七五三）には、三岳村は二三八〇人、三九八戸、木曽谷合計で三万三〇五九人、五八三一戸。三八年後の明治九年（一八七六）には、三岳村二五九四人、四三三戸、木曽谷合計では三万三七一三人、六八八五戸。一二〇年間にわたって三岳村も木曽谷も変動はあまりなかった。大正、昭和にはやや増加したが、現在はまた元に戻った。

江戸時代の官僚制度の確かさには、驚くほかない。

木曽谷の人口と戸数の推移

表は『木曽巡行記』による天保九年（一八三八）の各集落の上納高、戸数、人口統計と『西筑摩郡誌』に記された宝暦三年、明治九年、大正二年の戸数、人口データを合わせて作成した。天保九年の人口欄の（ ）内の数は、天保四年以前五年間平均との増減を示す。天保の飢饉により木曽谷全体で一八九八人減少し、空家、潰家など七二六軒にのぼる。奈川村、開田村など牧畜のさかんな村で人口の変動が激しいのは、伝染病の流行によるためである。

明治9年(1876年)		大正2年(1913年)		
戸数	人口	戸数	人口	村名
225	1001			贄川
435	2419			奈良井
660	3420	708	4124	楢川村計
				藪原
				(藪原在郷)
				菅
				荻曽(小木曽)
639	1994	636	3405	木祖村計
322	1195	328	1567	奈川村
				宮越
				原野
385	1807	400	2353	日義村計
				福島
				(宿)
				(宿外上段町)
				(宿外向町)
				(八沢町)
				岩郷
813	2949	1030	5213	福島町計
				上田
				黒川
343	1868	383	2313	新開村計
				末川
				西野
434	2183	467	3100	開田村計
				黒沢
				三尾
433	2594	447	2806	三岳村計
263	1294	280	1508	王滝村
				上松
				萩原
621	3651	838	4949	駒ヶ根村計(上松町)
				須原
				(須原支配川向)
				長野
				殿
				野尻
634	3558	851	4834	大桑村計
				与川
				三留野
				柿其
337	1829	437	2626	讀書村計
				妻篭
				蘭(枝郷広瀬含む)
371	1872	611	3508	吾妻村計
				馬篭
				湯舟沢
317	1639	385	2225	神坂村計
313	1860	240	1384	山口村
		222	1382	田立村
6885	33713	8263	47,297	総計

	宝暦3年(1753年)		天保9年(1838年)		
村名	戸数	人口	上納高	戸数	人口
贄川	199	945	33石9斗8升2合	農・商家227(このうち空家・禿家44)	1016(67減)
奈良井	354	2450	46石7斗5升4合	農・商・職人家680(このうち空家100・空地238)	1261(天保飢饉で1103人離散、635人死亡
楢川村計	553	3395			
藪原	340	2064	33石7斗2升9合	農・商・職人家416(このうち空家79・潰家44・焼失家22)	1515(475減)(天保飢饉による)
(藪原在郷)			36石7斗4升6合	農家126(このうち潰家9)	494(47減)
菅	105	555	47石5斗5升8合	農家106(このうち空家6)	454(44減)
荻曽(小木曽)	117	824	56石6斗9升5合	農家85(このうち空家・潰家23)	736(90減)
木祖村計	562	3443			
奈川村	276	1756	31石3斗8升8合	農家366(このうち空家46)	1540(78減)
宮越	92	433	65石4斗4升8合	農・商家262	1152(7減)
原野	102	583	74石8斗7升5合	農家120	584(6減)
日義村計	194	1016			
福島	451	1779			
(宿)			80石5斗1升3合	農・商家313	1022(3減)
(宿外上段町)				農・商家111(このうち空家22)	302(40減)
(宿外向町)				農・商家48	186(12減)
(八沢町)				職人家82(このうち潰家40)	198(84減)
岩郷	170	872	57石4斗4合	農家180(このうち空家2)	977(6減)
福島町計	621	2651			
上田	148	877	65石6斗6升1合	農家165	884(32減)
黒川	194	1062	47石6斗4升8合	農家169	948(23減)
新開村計	342	1939			
末川	228	1021	36石8斗	農家206(このうち空家21)	820(62減)
西野	331	1440	32石9斗4升7合	農家172(このうち空家10)	1230(149減)
開田村計	559	2461			
黒沢	278	1693	66石2斗1升7合	農家298(このうち空家2)	1708(94減)
三尾	120	687	42石5斗7升2合	農家131(このうち空家3)	763(5減)
三岳村計	398	2380			
王滝村	267	1613	67石6斗6升1合	農家273(このうち空家1)	1488(26減)
上松	591	3100	141石7斗1升	農・商家469(このうち禿家14)	2542(155減)
萩原	143	730	72石1斗7升4合	農家150(他に空家10)	972(69減)
駒ヶ根村計(上松町)	734	3830			
須原	143	689	51石5斗4升6合	宿内家175	843(6減)
(須原支配川向)				農家38	212(3増)
長野	108	764	144石2斗4升4合	農家125	826(45減)
殿	87	663	116石3升1合	農家62	449(9減)
野尻	156	873	96石5斗3升9合	農・商家177	991(9増)
大桑村計	494	2989			
与川	39	243	40石1斗5升7合	農家39	280(4増)
三留野	169	841	72石8斗1合	農・商家177(散家共)	1123(43増)
柿其	33	299	25石8升6合	農家39	234(27減)
讀書村計	241	1383			
妻篭	92	855	54石3斗3升	農・商家180(他に散家28)	927(25減)
蘭(枝郷広瀬含む)	90	594	44石1斗8升5合	農家・職人家120	851(113減)天保7年99人餓死
吾妻村計	182	1449			
馬篭	118	633	89石6升	農・商家144(散家共)	695(32減)
湯舟沢	92	536	69石1斗4升5合	農家114	647(34増)
神坂村計	210	1169			
山口村	118	826	193石6斗5合	農家176	803(21減)
田立村	80	759	135石8斗2升8合	農家129	858(13増)
総計	5831	33,059	2271石8斗1升3合	6850 (このうち空家、禿家、潰家、焼失家、空地は726)	32,531

ある地変……四〇〇年の語り継ぎ

御嶽山の麓《ふもと》、山深い木曽三岳村に行くようになって、村の古老たちを訪ね、家の造り、生活のこと、養蚕や馬、畑や山仕事、なんでも憶えていることを話してもらい、「聞き書き」を取った。厳しい暮らしを生き抜いた人びとの話は、私にとって広く新しかった。

そのなかに、王滝《おおだき》川の支流の本洞《ほんぼら》川（旧名「黒沢川」）の流れが、ある時から変わったという地変にかかわることが含まれていた。その痕跡は確かに今も地形のなかに残っている。三岳村の中心集落が、移動しなければならなくなった時があったという。

「いつ頃のこと？」

「わしゃ見たわけじゃない。昔の話さ」

それにしても、まるで見たことのように細かいディテールがある。

「爺さまの爺さまの頃のこと？」

「もっとずっと昔さ」

それはなんと四〇〇年ほど前、慶長一〇年（一六〇五）のことだった。一五、六世代にわたって語り継がれてきた記憶であった。話を聞かせてくれたなかの幾人かは、もう故人となった。以下の証言の括弧内は、その人の住む集落名と氏名である。

■社《やしろ》の参道が消えた

「わしの所と川向こうの三ツ屋との間は、昔はもっと近くて、朝は両方から顔を洗いに川に降りて、挨拶を交わしたもんだ」（下殿《しもどの》・下野戸正一）という。

現在は、下殿地区と三ツ屋地区の間は五〇〇メートルの距離があり、その間には約二〇〇メートル離れた高さ三、四〇メートルの急崖に挟まれた谷の下を本洞川が流れている。とても、顔を洗いに降りることも、声を交わすこともできない（一一七頁図2）。二つの集落はもっと近く、なだらかな斜面でつながっていたのでなければおかしい。

「昔は本洞川は今のバス道を流れていて、合《あい》戸《ど》で王滝川と合流していた。洪水で流れが変わった」（下殿・大泉寺住職・小島啓宗、および藪《やぶ》原《はら》・清水実雄）（図1）。

バス道というのは、現在の三岳村最大集落である合戸・下殿の中心道路である。確かに、合戸には急斜面を流れ落ちた川の痕跡があるし、合戸という地名は合渡とも書いて、川の合流点を意味している。そのバス道の中間点には「ひこぜという瀬があった。今もそこに彦瀬という家があるわ」（野口・中地《なかじ》春太郎）。その付近の土中には大石が積み重なって埋まっており、両岸に岩山が迫っている。その瀬は、狭く曲がりくねったものだったにちがいない。バス道が川であるためには、本洞川は現在より三〇メートル以上高いところを流れていなければならない✦1。

バス道の南西側、王滝川との間の「学校のある丘は、若宮さんと地続きだった」（清水実雄）。「学校の丘から若宮さんまでは丘が続いていて、桜並木のある参道があった。もう参道はなかったが、百段くらいの石段があったのは私たちも憶えている」（小島啓宗）。

戦国時代、木曽谷を支配していた木曽氏は若宮神社を尊崇し、社領と数々の宝物を献じていた。現在の社殿もなかなか立派なものだが、今は正面が崖で、本殿の裏側からしかお社に入れない。鎌倉時代、徳治二年（一三〇七）、諏訪大社の神官の子、武居氏が御嶽神社の禰宜《ねぎ》として派遣され、それ以来現在の子孫にいたるまで学校の丘の上に神職の居宅がある。そこから若宮神社まで参道が続いていたのだとすれば、裏返しと思われる神社の配置はうなずける。若宮神社から学校の丘までは、王滝川と本洞川の間にせり出したひと続きの大きな舌状地だったのだ。その半分が社領だった。また今、若宮神社のすぐ脇にある竪穴住居跡は、見晴らしのいい舌状地の上に

✦1
木曽川最大の支流王滝川は、木曽福島の少し南で木曽川と分かれ、さらに三岳村黒沢で西野川と分流する。御嶽山体の東北側を西野川、南側を王滝川が取り巻いて広大な地域の水を集めている。その周囲には、御嶽山の隆起とともにできた複雑に褶曲〈しゅうきょく〉した地域が取り巻いている。本洞川は、その東側の一画を流域として、王滝川に合流している。私の住んでいる板倉からは、その三川が合わさるところが見下ろせる。

)下、西野川
御嶽里宮神社
この下、本社橋
御嶽山
上村家と野口集落
本洞川
西洞集落
枠本集落

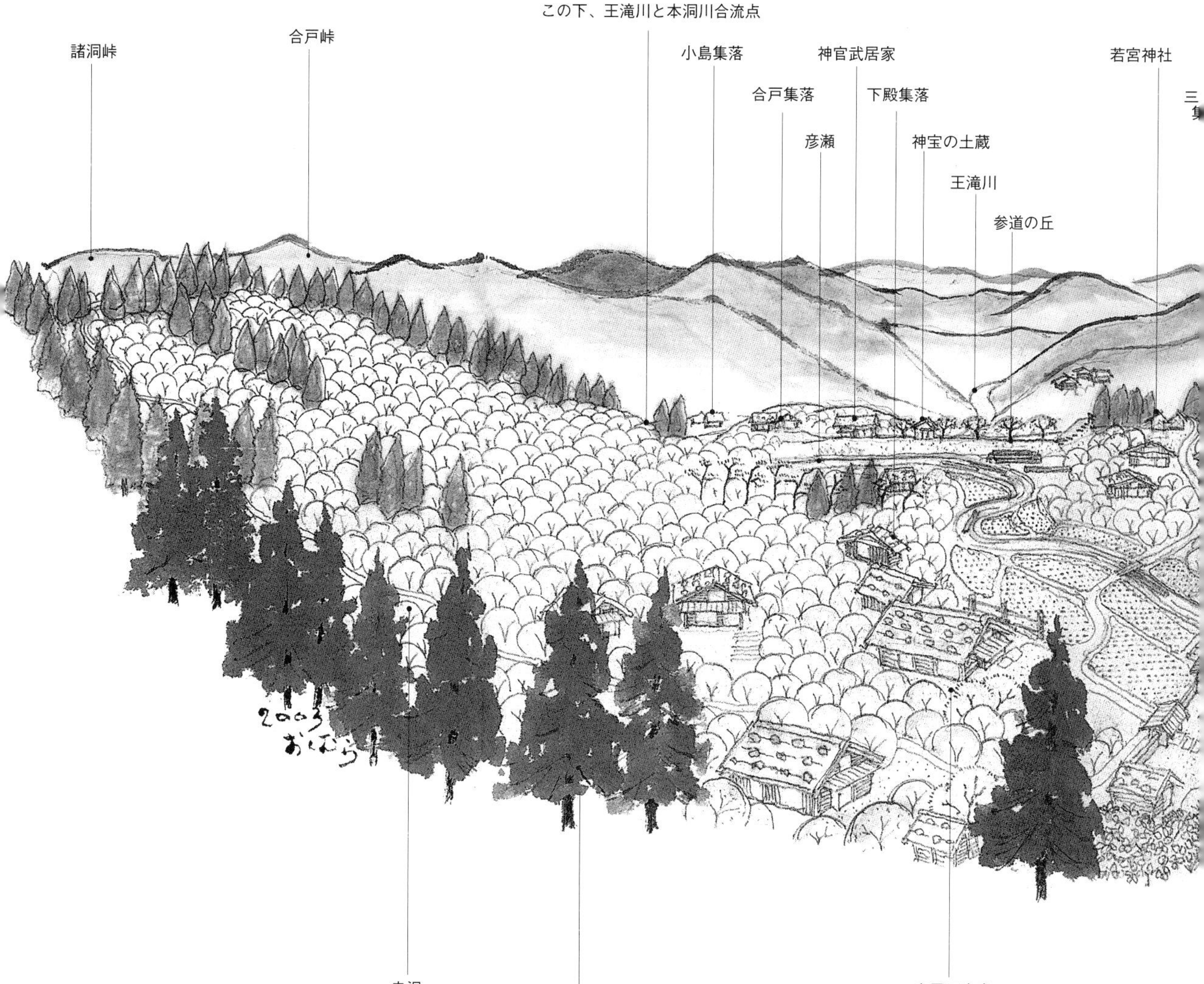
この下、王滝川と本洞川合流点
諸洞峠
合戸峠
小島集落
神官武居家
合戸集落
下殿集落
彦瀬
神宝の土蔵
王滝川
参道の丘
若宮神社
寺沢
庄屋田中家
中切集落

図1——— 慶長初年（1956）頃の本洞川筋の風景。
南西方向を見た鳥瞰図。本洞川（当時の名称は黒沢川）は、若宮神社の参道の丘に続く舌状台地を迂回して、合戸から急崖を流れ落ち、王滝川と合流していた。参道の丘を挟んで、本洞川と王滝川の高さの差は50メートルほどもあった。そのために、西洞・桙本から下流域の本洞川の流れは緩く、広い沖積地とそれに続く段丘面に水田・畑が開かれていた。その中心、中切は当時の黒沢村の中心集落で、庄屋田中氏、大泉庵もここにあった。永い戦乱の復旧、都市・城郭の建設のために、大量の木材の需要が起こり、木曽川本谷筋はすでに「尽山」が増え、伐採は本洞川筋でも始まっていた。

あった縄文集落の一部だけが残ったものかもしれない。

■田畑も消え、集落は移動した

「尾張様の役木《やくぎ》✦2を本洞川から伐り出すときには、川に堰《せき》をつくっては流してきて、下殿の下で川から担ぎ上げて、参道の丘を越えて王滝川の河原に積んだ。水かさが増したときに流れるのを待った」（清水実雄）。

「堰をつくっては流す」というのは「小谷狩《こたにかり》」という運材技術のひとつで、水流が少ない、あるいは流れが緩やかなときに、伐り出した丸太の一部と筵《むしろ》に落ち葉、茅《かや》などを詰めたものを使って、川下側に狭い樋口のあるV字型の堰を設けて水をせき止め、樋口を開いていっきょに丸太を流し出すことを繰り返すやり方のことである。堰の両側では、男衆が鳶口《とびぐち》で丸太の向きをそろえる。

その頃は、彦瀬より上流側の勾配は緩かったことを示している。下殿の下、参道の丘に沿った淵に、流れてきた丸太を留めたのだろ

村家と野口集落

✦2 年貢として納められた木材のこと

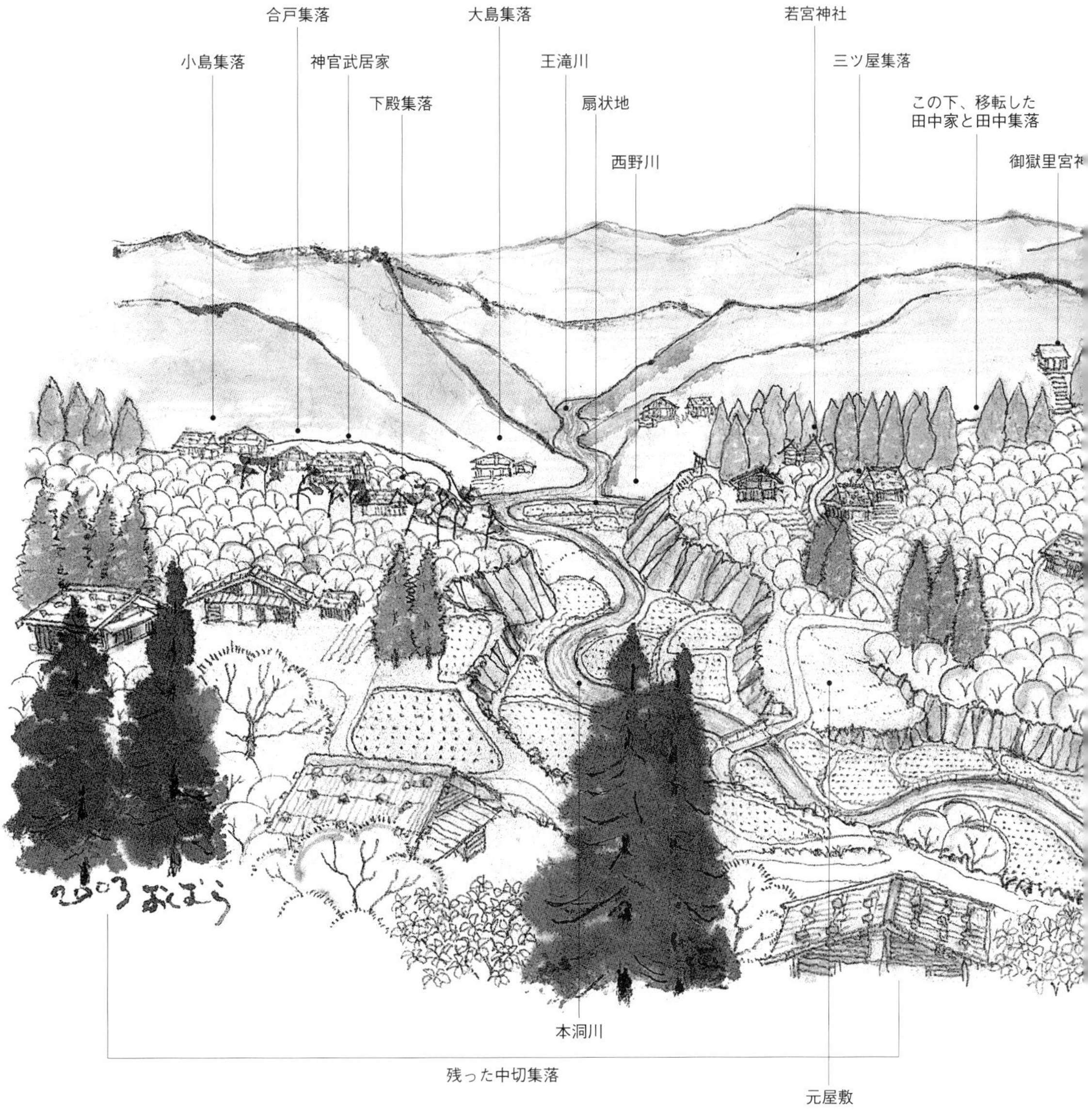
合戸集落
大島集落
若宮神社
小島集落
神官武居家
王滝川
三ツ屋集落
下殿集落
扇状地
この下、移転した
田中家と田中集落
西野川
御嶽里宮神
2003 おくむら
本洞川
残った中切集落
元屋敷

図2———— 図1の20年後、慶長末〜元和初年頃の風景。

参道の丘が決壊して、突然50メートルの落差を得た本洞川は、上流へ向かって浸食を始め、蛇行して沖積地の田畑を削り取っていった。中切集落にも危険が迫ってきて、下殿・合戸その他に移転していった。かつては近かった下殿、三ツ屋の間は30メートルの断崖で隔てられた。中切の上位の段丘面にいた人たちは残った。流出した土砂は扇状地をつくり、王滝川を圧迫し、対岸の大島の水田を埋め、河床を上げて、王滝川・西野川上流部に水害をもたらした。

400年の歳月は崖地の一部を草木が覆い、川沿いの低地も耕されて水田になった。扇状地にも大島の人が舟で渡って田を開いたが、昭和16年に大島ダムができて、その湖底となった。

う。一方、下流側は屈曲が多く、その先は急勾配過ぎて川流しに適しなかった。後に述べるように、「尾張様の役木」というのは間違いで、本洞川が古い流路を流れていたのは、木曽谷が徳川幕府直轄の天領であった時代までで、尾張藩預けとなったのはその少し後、寛文五年（一六六五）以降のことである。それまでに、木曽谷からは社寺、城郭、都市建設のために大量の木材が搬出されていた。

木曽氏の在郷家臣であり、黒沢村（現在の

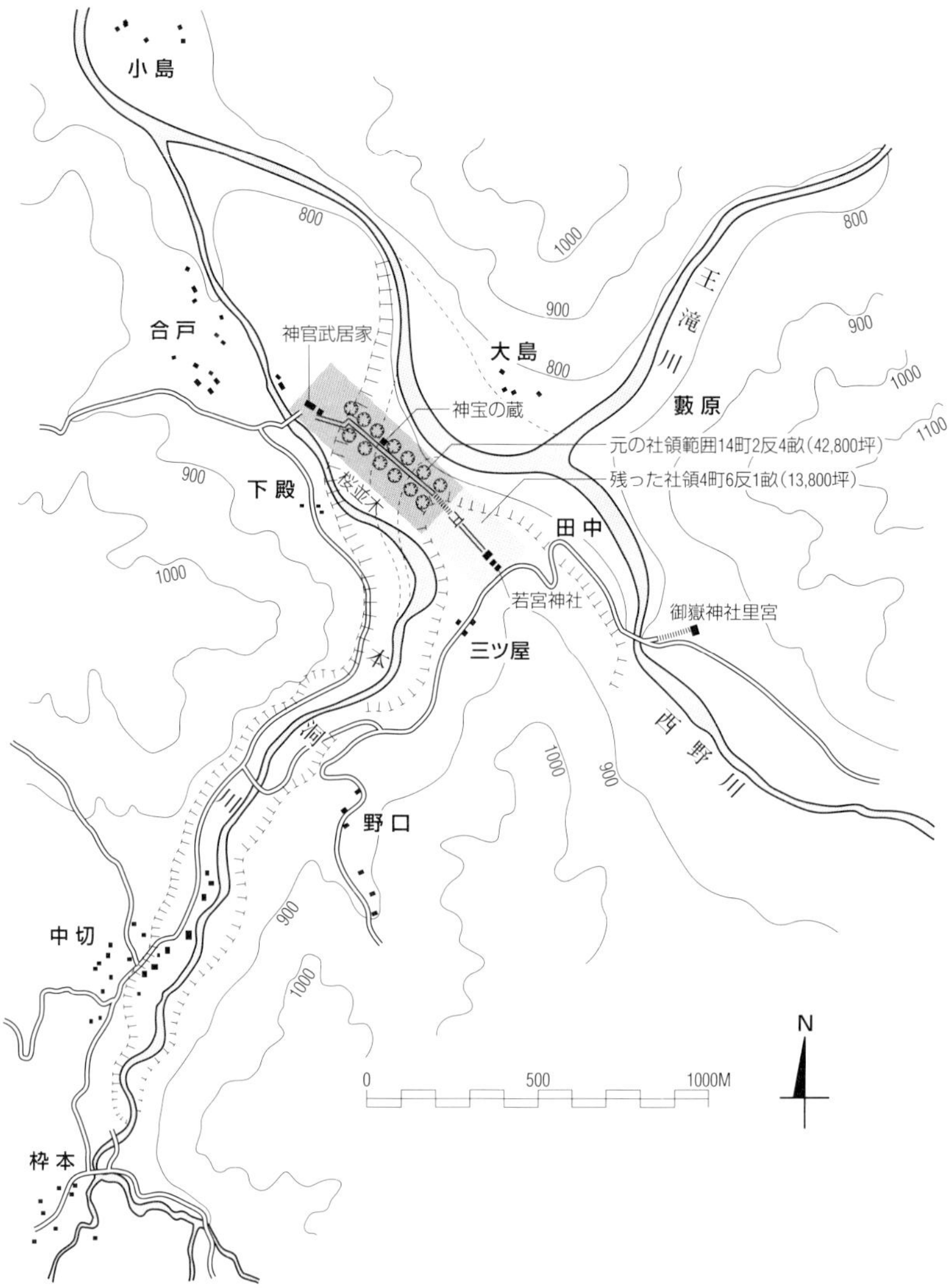

図3――――慶長10年の地変以前の本洞川の流路。地変以前は南から北に下った流れは若宮神宮の手前で左に折れ、急崖を流れ落ち王滝川と合流していたが、慶長10年、大雨で増水した本洞川は若宮神宮の参道のあった丘を突き破り、破線で記したように王滝川に直接流れ落ちるようになった。『木曽巡行記』に記載されている社領の面積は、桜並木のある参道が神官武居氏の屋敷までつながっていた場合の推定面積、および、それが崩落・分断した後に残った現在の社領面積と非常によく一致している。

三岳村の前身）の庄屋をつとめていた田中家（当時は原姓を名乗っていた）について、「昔は（本洞川を一・五キロメートル遡った）中切《なかぎり》にいた。それから一時（半分ほど下った）元屋敷に移り、現在の田中に来た。山抜け（鉄砲水あるいは地崩れ）と関係があると聞いている。覚明《かくみょう》さんをかくまったのは今の家だから、山抜けがあったのはそれより昔のことになる」（田中・田中しげ）。

覚明（一七八六、または一七八七没）とは、潔斎《けっさい》した修験者だけに許されていた御嶽信仰を大衆信仰（御嶽講）に広げた人で、山村代官の意向に逆らって黒沢村の人たちがかくまい、手助けをしたのであった。

■尾張藩の隠密が見たもの

天保九年（一八三八）、尾張藩の隠密《おんみつ》として木曽代官山村氏の民政を調査した岡田善九郎は、木曽谷の村々をくまなく歩き、報告書『木曽巡行記』を残している。巡行記は、きわめて精細な統計資料といっしょに、風景や人々の暮らしをいきいきと伝えている。✦3

その一節、田中のすぐ北で王滝川の支流西野川に懸かる本社橋について、「橋あり、長さ拾六間刎《は》ね懸《か》け作り橋杭なし（図3）。橋を東に渡り人家あり、田中という。黒沢の庄屋本なり。この所王滝川落合い、社の木立、橋のかかり大河の三つ又、絶景木曽第一ともいうべし。」とある。

本洞川が古い流路を通っていたら、本社橋付近からは合流点は見えず、「大河の三つ又」は、王滝川、西野川、本洞川がすでにほぼ同じところで合流していたことを示している。記述内容から、岡田善九郎は五年前の前任者の報告書を持参していたと思われる。本洞川の移動はもはやそれが話題に上らないくらい古いことで、田中しげの話とも符合している。

今、本社橋付近の景色を見ても、とうてい「絶景」とは思えない。岡田善九郎の記述は正確、客観的で、大げさではない。王滝川、西野川ともに今よりはるかに深く切れ込んでいたのだろう。ということは、元の参道の丘と王滝川との間には五〇メートルではきかない落差があったことになる。西野川と合流した王滝川は、弧を描いて参道の丘のすぐ下を流れていたと思われる。

中切にあったのは田中家だけではない。現在下殿にある大泉寺（その前身の大泉庵）につ

✦3 私の板倉が建ったのは天保一四年だから『木曽巡行記』が書かれた時と同じ頃である。『木曽巡行記』については、一〇八頁参照。

いても、「元は中切の少し北の寺沢にあった。今の黒沢集落は中切にあった」という（小島啓宗、清水実雄、大島・大島留雄）。その頃には、中切付近で幅約二〇〇メートル、下流部の若宮神社の参道の北側では約三〇〇メートル、その間を本洞川が流れる長さ二キロメートル近い緩やかな沖積谷が広がり、それより一段上がった段丘の斜面に、今の中切、野口、三ツ屋、下殿の一部を含めた広い耕地が続いていた。その中心に黒沢村最大の中切の集落があったことになる。

現在でも、本洞川沿いを歩いて、両岸の崖の間に点々と残っている下位の河岸段丘をつないでみると、かつて存在していた耕地の広さを想像することができる。その広さは六〇町歩（約六〇ヘクタール）くらいあったのではないだろうか。本洞川は黒沢川と呼ばれていた。木曽福島からの道は、合戸峠から尾根道を少し北上した諸洞《もろぼら》峠から、沢を下って中切に通じていた。

若宮神社は、元中二年（一三八五）木曽家賢《いえかた》によって建てられ、神領が寄進された。のちに御嶽教と関係があると誤認されるようになった。

■それは戦国の末期

木曽川水系の洪水の記録はたくさんあるが、本洞川あるいは黒沢川を直接示すものは少ない。唯一該当するものは、『西筑摩郡誌』に「慶長一〇年（一六〇五）黒沢村本洞川洪水、武居神主家土蔵流出」とあり、続いて「慶長一九年（一六一四）夏、王滝川西野川洪水、黒沢村免租四石余、元和八年（一六二二）七月僧大雅三岳村の大泉庵を再興す」、「寛永一五年（一六三八）夏、王滝川西野川洪水、黒沢村免租五石余」と記されている。

また、『御嶽神社縁起略記』には、「古き書物、神宝なども種々神官武居氏宅にありしを、慶長七年（一六〇二）黒沢川洪水にてその土蔵を押流し、今に伝わざるを真におしむべきことにこそ」とあり、郡誌とは三年のずれがある（以下は慶長一〇年説による）。

木曽氏代々が献じた神宝、文書を収めた土蔵は、若宮神社と神官宅をつなぐ桜並木の参道のどこか、たぶん神官の屋敷からそう遠くない所にあったのだろう。宝物を取り出す余裕もないできごとだった。しかし、死者の記録はなく、他の被害も記されていない。それは、本洞川の地変の始まりにすぎなかった。

家康が関東に移り、戦国木曽氏の事実上最後の当主木曽義昌と長子義利が下総に移封されたのが天正一八年（一五九一）、関ヶ原の戦いと、木曽氏の家老だった山村氏が木曽の代官に任命されたのが慶長五年（一六〇〇）、徳川幕府成立が慶長八年（一六〇三）、大阪城の落城は元和元年（一六一五）五月、義昌の第二子義春はこの戦いで戦死、同じ年に木曽は尾張藩に移管された。✦4

泰平の世は目前だが、まだ戦国は終わっていなかった。木曽の新しい支配体制は確立せず、木曽氏の在郷武士団として武将たちの駆け引きに振り回されていた村の住民も、一時本来の農民に戻っていた時であろう。わずか二五年ほどの、日本中も木曽にとっても、激動の最中に起こったことであった。

■山は荒れていた

以下、想像を交えて本洞川の地変の前後のシナリオをまとめてみよう。

戦国木曽氏の時代にも、木曽谷の森は伐られていた。木工品や住民の生活のためにも使われたが、政治的な取引とともに、美濃や甲斐に大量の木材が輸出されたこともあった。信長、秀吉の時代になると、その量は急激に増加した。天正一〇年（一五八二）伊勢神宮用材、同一四年（一五八六）京都方広寺《ほうこうじ》の大仏殿、同一五年（一五八七）聚楽第《じゆらくだい》造営と矢継ぎ早になる。

尾張藩の時代に入ると、元和七年（一六二一）江戸城築城用材などのように、全国の都市建設にともなうそれまでとは桁違いの大量の木材需要が起こってきた。伐採は、木曽川本流に近いところから、だんだん奥地に進んできた。寛永初年（一六二四〜）には、本谷筋に尽山《つきやま》（木の尽きた山）が目立つようになり、寛文初年（一六六一〜）には御嶽山麓まで尽山が及んだというから、この頃には、本洞川流域からも伐り出しが進んでいただろう。

木曽氏の時代には、木曽谷に住む杣《そま》（きこり）を中心に伐り出されていたと思われる。しかし、大量の需要に応えるには、より大きな資金、技術と組織力が必要になる。伐り出すだけでなく、名古屋まで筏で流し、船積みして、それを消費地である大都市まで運ばなければならない。

それが可能だったのは、京都の角倉《すみのくら》、江戸の紀伊國屋《きのくにや》など、大阪、堺、名古屋などの豪

✦4　一二五頁以降の「真理姫の五輪塔」参照。

商、木材問屋、大商人たちであった。戦乱の時代のなかで、彼らは巨大な資金力と運搬手段を獲得し、どんな勢力とでも渡りを付ける力を持っていた。彼らが木曽材の伐り出しから輸送までを請負い、伊勢・紀州、東北や四国など全国から杣を集めて送り込み、地元の杣とともに仕事をさせていた。

自分たちの労働は無償だったが、伐採地の近くの集落では、家々にこうした外来の人たちが分宿し、賑わい、多少の金も落としていっただろう。現代の公共事業と似たところがある。木曽谷には全国の林業技術が集まり、先進技術が生まれた。そして全国の民謡も集まり、木曽に残った。

本洞川の運材には、清水実雄のいうように小谷狩の方法が使われていた。村の男衆は総出で、子供たちも落ち葉を集めて筵《むしろ》につめると小遣い銭がもらえた。王滝川の河原に積んだ材は、台風や雪解け水とともに流れ下り、木曽川本流に達する。南木曾あるいは岐阜県八百津まで管流し（大川狩《おおかわか》り）すると、藤蔓《ふじつる》を編んだ太い綱が川面に懸け渡してあり、流れてきた丸太はそこで止まる。「中乗りさん」が、鳶口《とびぐち》を手に丸太の上を飛び歩きながらそれを筏《いかだ》に組む。組まれた筏は、中乗りさんに操られて名古屋まで下り、千石船に積み込まれた。

しかし、山の荒廃は確実に進んでいた。本洞川も荒れるようになってきた。

■進む浸食

慶長一〇年、その年は春から長雨がつづいた。本洞川流域の伐り出しは一段落し、村は静けさを取り戻していた。戦功のあった山村氏は、家康から木曽の代官に任命されたばかりであった。大阪冬の陣、夏の陣を数年後に控え、一時の静かな時だった。

激しい雨がつづき、本洞川に濁流が逆巻いた。突然、若宮さんの参道の一部が崩れ、五、六〇メートルの急崖を落ちていった。神官からの急報で間に合った村人の見たものは、参道の切れ目から王滝川に滝となって落ちる本洞川の濁流と、まさに傾き落ちんとする御神宝の土蔵の姿だった。何ひとつ持ち出すいとまもなく、蔵は呑み込まれるように消えていった。半鐘を聞いて駆けつけた村人たちのなかには、いつもは渡れない彦瀬《ひこぜ》を石伝いに渡ってきたことを、後になって気づいた人もいた。

　本洞川の流れは変わった。その結果、川の落差が急に五、六〇メートルも拡大したのだ。しかし、このことが何をもたらすか、まだ人々にはわかっていなかった。それは数年の間に徐々に現われてきた。

　雨のたびに、水田や畑が参道に開いた切れ目に吸い込まれ、本洞川の河床は下がっていった。流れが急になった川は大きく蛇行を始め、そのたびに残った参道と桜並木を呑み、切れ目を広げていった。浸食は徐々に上流に向かって進み、深く広くなっていった。両岸には三、四〇メートルの急崖が立ち、豊かな耕地は見る影もなくなった。中切の集落にも危険が迫ってきた。

　一方で異変は参道の反対側でも始まっていた。本洞川の運んでくる大量の土砂は、参道の南側に扇状地をつくり、王滝川の流れを遮り、流路を南に押し出していた。王滝川の対岸の大島集落の田畑も失われていった。扇状地の発達は王滝川の河床を上げ、それより上流の王滝川、西野川に沿った田畑にも洪水の被害をもたらすようになった。さらに下流に流れる土砂は、約一・五キロメートル下った小島、上条《かみじょう》の河岸の水田を埋め、広い砂礫《されき》の河原に変えた。それが、慶長一九年（一六一四）と寛永一五年（一六三八）の王滝川、西野川の洪水と免租の記録として残ったものだろう。中切集落の受けた被害はもっと大きなものだったと思うが、それが徐々に進行したためか、政治体制が混乱していたためか、住民の被害は記録されなかった。

　危険の迫った中切集落では、家々の移転が始まった。すでに崩れてしまった家もあったかもしれない。家よりも田畑がなくなってはそこに住んではいられない。川の干上がった下殿や合戸の周りを開拓して、移り住んだ人も多い。大泉庵も下殿に再建された。庄屋の田中家は、自分の持つ広い土地のなかで元屋敷、田中へと移った。上位の段丘面にいた中切の一部、野口、三ツ屋の人たちは、耕地が減った人もいたが、元の所に残ることができた。

　失われた耕地は四〇町歩を越え、川が安定した形を取り戻し、人々が新しい場所で生活ができるようになるまでには、おそらく半世紀が必要だっただろう。✦5 今、その時にできた

✦5
私の板倉のあった下殿の見波家の母屋は、板倉（九三頁図11参照）の解体といっしょに取り壊された。村役場の駐車場をつくるためである。その母屋からは、建設年代を示す棟札は出てこなかったが、小屋裏に伊勢神宮のお札が三五〇枚重ねて収められた箱が掛かっていた。毎年お伊勢参りに行く人は、何人もに頼まれてお札を買って帰ったというから、この枚数が家の年数を示すと考えていいだろう。構造形式も古く、これと矛盾しない。それは、すぐ前の本洞川がなくなり、新しい土地が生まれて、村がおさまっただろう時期に当たっている。母屋の黒光りした床板は、譲ってもらって、私の板倉の床になっている。

急崖や段丘の荒々しさは、草木で和らいでいるが、その形は消えてはいない。

人々は四〇〇年間、囲炉裏の周りでこの地変を語り継いできたのである。✦6

さてここで、ひとつだけ疑問が残る。それは『木曽巡行記』の黒沢村（三岳村の旧称）若宮神社の社領の面積についての記載である。✦7
巡行記には、次のように記されている。

「一、御嶽山若宮は田中の北川岸にあり、社地境内享保九辰（一七二四）検地の節、拾四町弐反四畝歩余（約四万二八〇〇坪）といえども、木曽方留記には神領四町六反壱畝（約一万三八〇〇坪）とあるよし」

この巡行記に記載されている社領の面積は、桜並木のある参道が神官武居氏の屋敷までつながっていた場合の推定面積、および、それが崩落・分断した後の現在の若宮神社の範囲と非常によく一致している。しかし先述したように、地変の始まりは慶長一〇年（一六〇五）、一六五〇年頃までには参道は消えてしまっていたはずである。つまり、「木曽方の覚え書き」が正しい数字である（一一八頁図3参照）。

享保九年（一七二四）二月、代官山村良久は、突然、尾張藩より木曽の検地を申し渡された。さっそく、同年三月には尾張藩より多数藩士が派遣され、木曽谷中の検地が開始された。同年五月には検地を終了した。谷中をわずか三カ月間の検地とは、あまりにも短い。社寺の所領面積の新たな検地などは行なわれておらず、巡行記の記載は、単に「実際の面積の食い違いを書類上で確認した」ということにすぎないのだと思われる。

✦6
『三岳村誌』では、「本洞川が、その流路を変えてしまったとする伝承も残っている」としながら「しかし地質学的に見てこの伝承は信ずるに足りない」としている。その一方で、地形・地質の項では、現在のバス道が河川の痕跡であることを認めている。
一九八四年九月、王滝村をおそった長野県西部地震では三岳村の被害は軽微だったが、その震源の分布を見ると、王滝村中心部より牧尾ダム、王滝川に沿って、三岳村役場の直下まで、非常に浅い余震の震源域が延びている。これは、阿寺断層の枝断層で、その東端部は問題の舌状台地の基部（旧参道）を横切っていたことになる。若宮の参道の下は、この断層によって破砕されていたのだと思われる。しかし、この地変の直接の原因は山の乱伐であった。

✦7
一〇八頁「江戸時代のようすを伝える木曽巡行記」参照

真理姫の五輪塔

■六歳の政略結婚

三岳村野口《のぐち》、りんご畑の間を登って行くと、✦1一位《いちい》と銀杏《いちょう》の大木に挟まれて、こんもり繁った樹の陰にひっそりと小さな五輪様《ごりんさま》がある。甲斐《かい》の武田晴信《はるのぶ》（信玄《しんげん》）の三女、勝頼《かつより》の妹、そして戦国木曽氏の事実上の最後の主《ぬし》木曽義昌《よしまさ》（十九代）の妻、真理姫の墓である（図1）。形の均整、優しさからも女性らしい。

時は戦国の末期、弘治元年（一五五五）、武田信玄は二度にわたって木曽に侵攻し、木曽義康《よりやす》（一八代）は抗しきれず降伏する。信玄はこれを許し、義康の子義昌（幼名長政《ながまさ》）に娘真理姫を娶《めと》らせ、木曽氏を武田一門の下に加えた。その時、義昌一六歳、真理姫わずか六

図1——真理姫の五輪塔
高さ七四センチメートル、小さくて可愛い。三岳村野口の上村家敷地内の一隅にある。一位と銀杏の老木は、そこが神聖な場所であることを示している。

✦1 「ある地変」一一七〜一一八頁、図2、3参照

歳だった。

天正元年（一五七三）、信玄死し、勝頼の代となる。天正三年（一五七五）、勝頼は長篠《ながしの》の戦いで織田・徳川連合軍に大敗し、武田氏の勢力はにわかに衰えてきた。しかし、天正五年（一五七七）までの約二二年間は、木曽氏と武田氏の同盟は保たれていたし、真理姫も三男三女をもうけていたから、夫婦の仲も幸せだったろう。

天正九年（一五八一）、武田勝頼から、新府築城のための木材十万挺《ちょう》拠出の要求を受け、木曽は大いに苦しんだ。義昌は武田と縁を切り、より強力な織田信長と結んだ。

翌、天正十年（一五八二）正月、真理姫は夫義昌の叛意《はんい》を兄勝頼に告げた、と史書はいう。◆2 これについては諸説がある。

勝頼は怒って、木曽へ兵四〇〇〇（二〇〇〇という説もある）を派遣して攻めたが、義昌はこれを鳥居《とりい》峠《とうげ》で破った。二月には勝頼自身が兵二万を従えて出兵したが、再び木曽・織田連合軍に敗れ去った。次いで甲斐を攻略され、部下将兵も離反し、三月、勝頼は天目《てんもく》山《ざん》で自刃《じじん》し、武田氏はついに亡んだ。

同年五月、織田信長は、伊勢神宮造営のための材を木曽から供出させる。

同年六月、信長、本能寺の変で殺される。

同年八、九月、義昌、徳川家康と通じて、起請文《きしょうもん》を交わし、徳川勢に属することを約束するが、二年後の天正十二年（一五八四）三月、秀吉と家康の尾張長久手《おわりながくて》の戦では、徳川に反して豊臣側につき、二男義春《よしはる》を人質として出した。

しかし、同年五、十月、木曽氏の家臣団の中にも混乱が起こり、義昌は重臣千村俊政《ちむらとしまさ》、上村作右衛門《かんむらさくえもん》らを謀反《むほん》を理由に殺さなければならなかった。◆3

天正十三―十五年（一五八五―一五八七）、秀吉は、「木曽に良材を求む」、「京都方広寺《ほうこうじ》大仏殿」、「聚楽第《じゅらくだい》の造営」など、矢継ぎ早に木曽材を伐り出す。木曽川の洪水も起こる。

■もてあそばれた運命

天正一八年（一五九〇）七月、小田原城落城、事実上秀吉の天下統一が成った。この時義昌は病のために従わず、長子義利を徳川軍に従わせた。秀吉は、木曽義昌の封を没収。一方家康は、義利を銚子の近くの下総蘆戸《しもふさあしど》にわずか一万石で封じた。

◆2
真理姫にかかわる説は非常に多い。ここにあげた一例は「妹を説得していると見せて、その間に木曽側を急襲する」という意味ではないか？　真理姫は夫とともに蘆戸へ行き、そこで死んだ、また夫の死後木曽に行った、などなど。私は「義昌・真理姫の不和説」そのものが、将来の木曽氏再興を期待した二人の苦し紛れの「つくり話」ではないかと考えている。そうでないと、上村家に預けることの不自然さが理解できない。

◆3
「天正十二年十月（一五八四）、義昌による上村作右衛門の殺害」については、『西筑摩郡誌』の年表は「作左衛門」となっている。しかし、鳥居峠の戦いで十傑の一人に数えられたのは「作右衛門」である。また五輪塔現地の由来記には、真理姫を匿〈かくま〉ったのは、「上村作右衛門」と記載されているが、現在の上村家の夫人は「作左衛門」であると言っておられる。こちらにも混乱がある。「作右衛門」はその数年前に殺されている。

木曽氏は、先祖伝来の木曽の美林を完全に失った。生き残るために、その時々の強者、信玄、勝頼、信長、秀吉、家康と、時に二股も掛けてきたが、そのたびに彼らが要求したのは木曽の材木だけだった。もはや何も残っていない義昌には、自分の運命がわかったのだろう。

文禄元年（一五九二）正月、木曽義昌はいまだ義利の所在がわからないまま妻子と家臣を残し、わずか一三人の供を連れて木曽を出発。途中、諏訪で義利の封地を知り、下総蘆戸に入った。

文禄四年（一五九五）、木曽義昌は五六歳で蘆戸で死んだ。

慶長二年（一五九七）、木曽義利（二〇代）は、「暗愚《あんぐ》のため」という理由で、家康により木曽家は没収、お取潰《とりつぶ》しとなる。

慶長三年（一五九八）、秀吉死す。

慶長五年（一六〇〇）、関ヶ原の戦い。同年十月、家康は木曽義利の家老であった山村良候《たかとぎ》（道祐《みちすけ》）を、関ヶ原での功をもって、木曽の代官に任命した。以来、明治二年（一八六九）廃藩置県まで二六九年間、徳川氏の下で、山村氏が木曽の代官を務めた。

慶長一〇年（一六〇五）、三岳村本洞川洪水。別稿に記した「ある地変」が始まった。同一三年夏、秋には木曽川、一九年夏には王滝川、西野川と洪水が頻発する。

元和元年（一六一五）、大阪夏の陣で義昌・真理姫の次男、豊臣方の人質であった義春が戦死。

元和七年（一六二一）、尾張藩、江戸城築城用材を木曽より出す。✦4

■真理姫は本洞川の地変を見ていた

残された真理姫は末子義道《よしみち》（義一）をつれて、野口の上村作左衛門宅に身をよせ、隠棲《いんせい》しながらも、木曽谷の土豪《どごう》たちに謀《はか》り、木曽家再興を念願したが、もはや時代の流れも大きく変わり、果たさなかった。この間の事情を物語る義道署名の書状も現存している。正保四年（一六四七）七月七日、真理姫は、九八歳の長く数奇な一生をこの地に終えたと伝えられている。

別稿の「ある地変」の舞台は、真理姫が隠棲した野口の上村家のすぐ下、本洞川の全貌が見渡せる所だった。地変が始まった慶長十年（一六〇五）は、真理姫が野口に移って一三

✦4 本丸の改築と思われる。江戸城全体の増築は一五年前から始まっていた。

年後、彼女はこの地変の最初から終わるまでを見ていたはずである。しかし、その時、木曽は政治的には空白であった。

この地変の原因が、次々と入れ替わり、木曽の美林から大量の木材を収奪した覇権者たちにあることにも気がついていたかもしれない。今どこかで石油で起こっていることのように。

王滝川に沿った村々には、木曽氏がもっとも信頼し、搦《から》め手[5]の守りを任せた土豪たちが住んでいた。真理姫にとってももっとも頼りとする人々である。我が家の未来を崩れ去る田畑と家々、繰り返す洪水と重ねて思ったのではなかろうか。そのとき木曽の美林は、もう既にほとんど尽きていたのである。

寛文五年（一六六五）、尾張藩は木曽材木奉行を置き、森林は藩直轄とし、代官山村氏は民政のみを取り扱うこととなり、一転して厳しい森林保護行政に変わったのである。

■上村家の蒸籠造《せいろうづく》りの倉

上村家は、ずっとこの場所に住み、馬地主[6]や、酒造りを営んでいた。

五輪様のすぐ脇に、上村家の倉がある。現

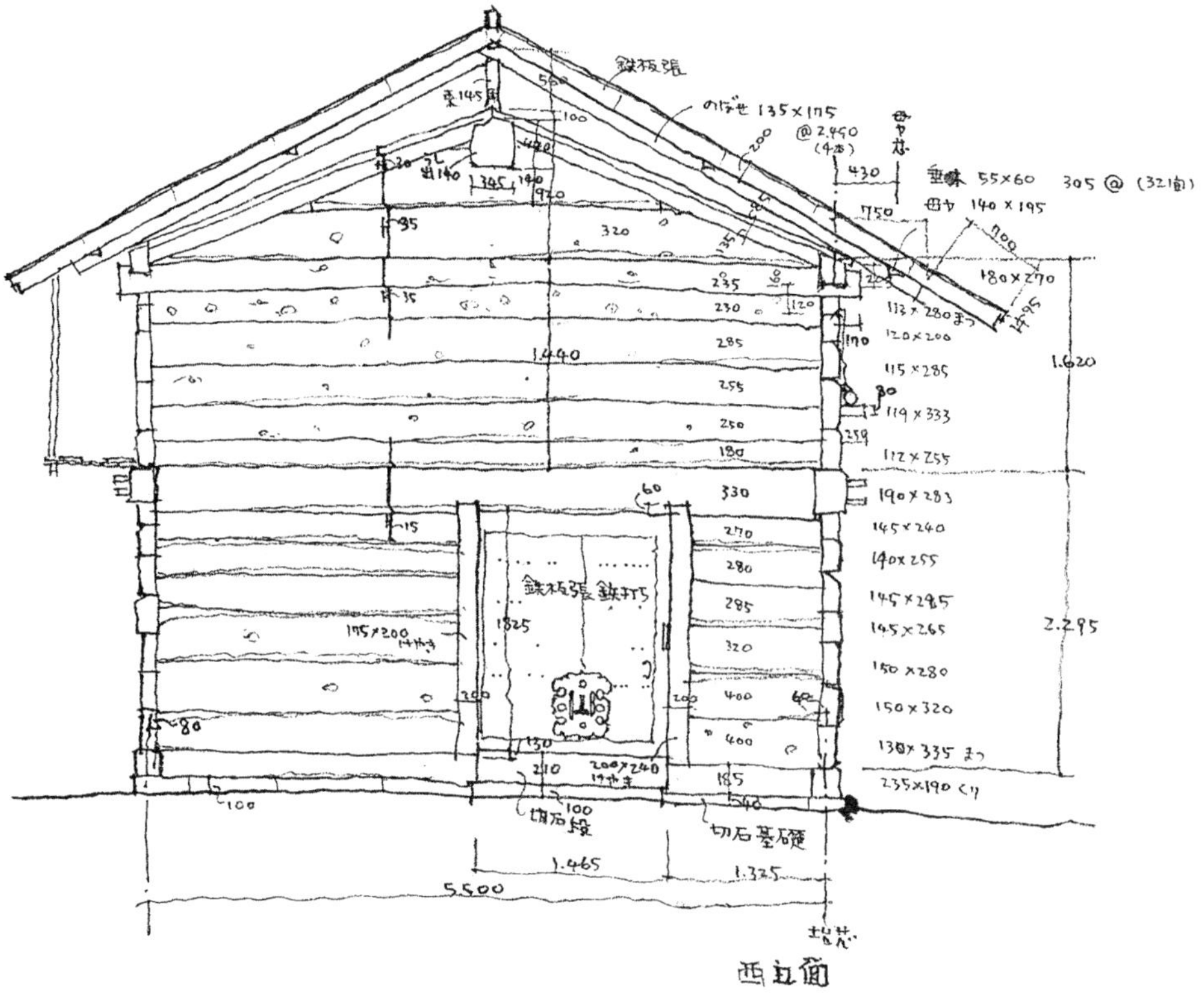

図2——上村家の蒸籠造りの倉・西立面図

存する倉は「蒸籠造り」という校倉《あぜくら》に似て柱のない建て方で、そのなかでも非常に立派なものである（図2～4）。これほど単純、豪放な造りはないだろう。化粧される以前のスイスシャーレとほとんど同じである。種籾《たねもみ》、あるいは酒造米をしまう倉だったと思われる。

✦5
城の裏門のこと

✦6
「木曽谷の民家」の「悲しき木曽駒」一〇二頁参照)

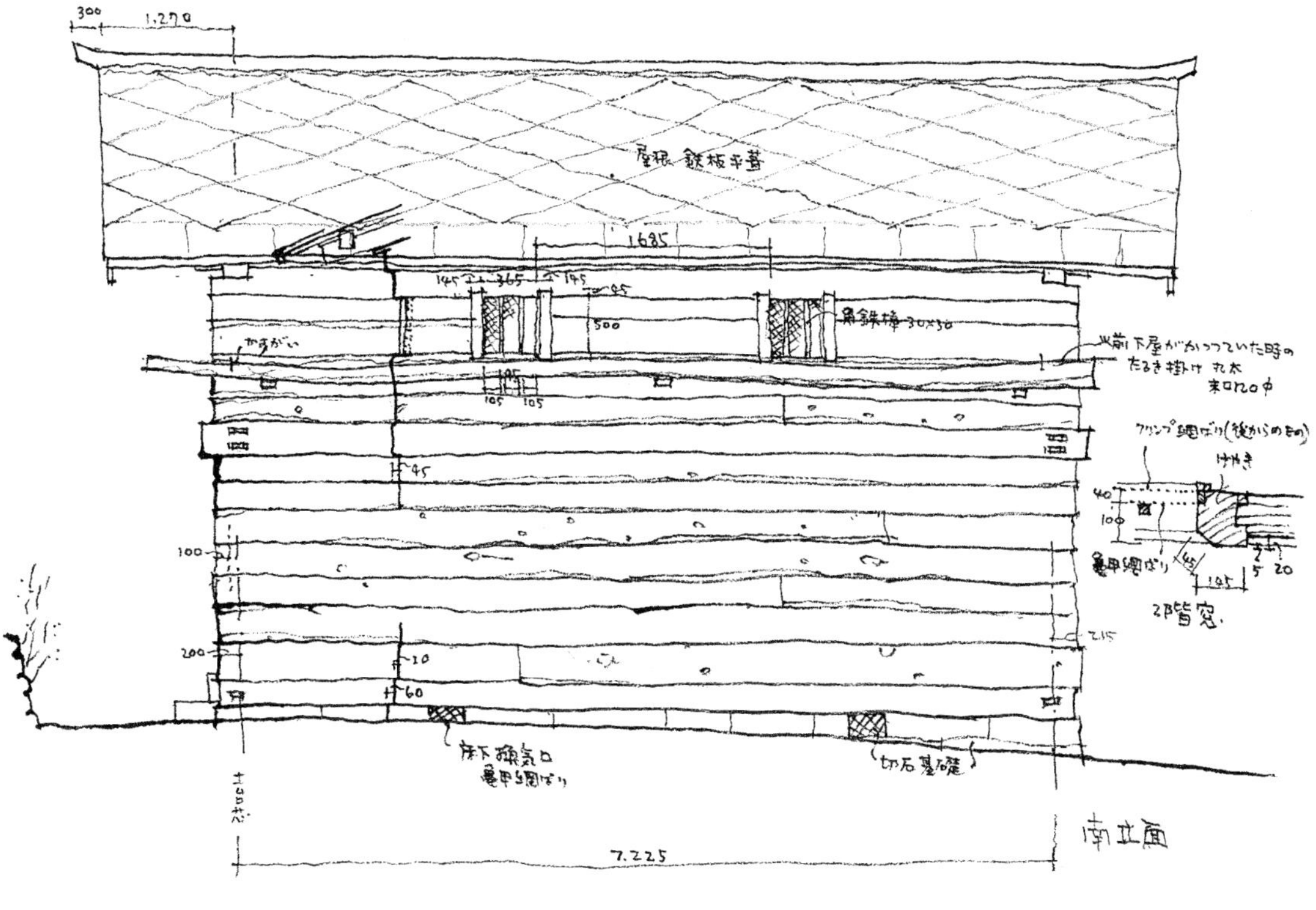

図3―――上村家の蒸籠造りの倉・南立面図

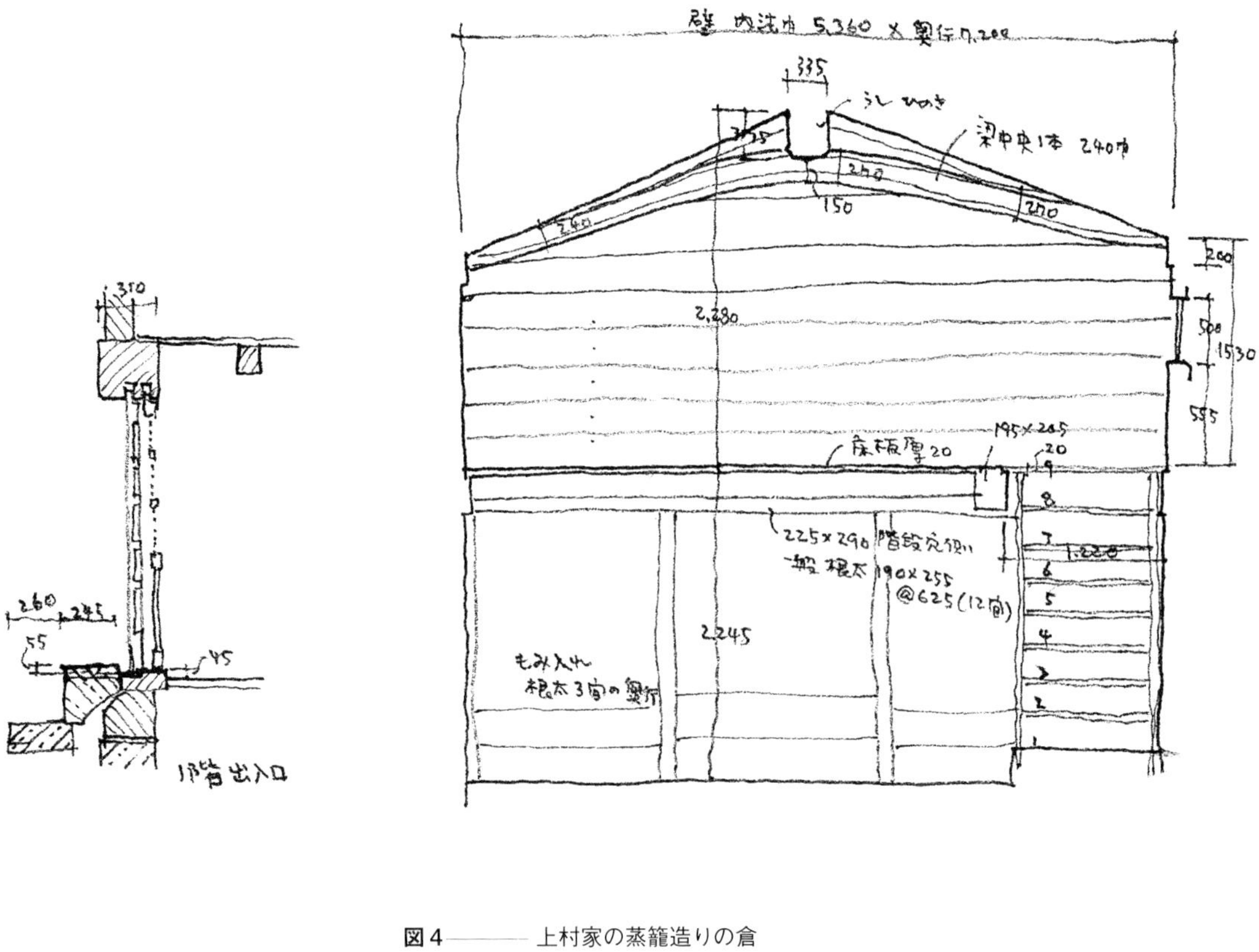

図4———— 上村家の蒸籠造りの倉

第3章

不思議な生き物

日本蜜蜂の生活

蜂戦争

木曽に板倉の山荘ができて最初の秋のことである。

夜、静かになると、蜂の羽音《はおと》が部屋に響くようになった。夏から気づいていたのだが、鍵を開けて入ると床に蜜蜂の死骸が落ちていて、その数が行くたびに多くなっていた。どうも、居間の回りのベンチの下に、石積みの基礎の隙間から入った野生の日本蜜蜂（図1）が巣を作ったらしい。

この建物には床下空間はない。土間コンクリートに絨毯《じゅうたん》敷き。壁は厚い板と太い柱、電線を通す隙間もない。蜂が巣を作れるとすれば四周のベンチの下の高さ二〇センチメートルのスペースしかない。羽音は段々激しく、夜は部屋中に響くようになり、耳を当てると大勢で齧《かじ》っているような音も聞こえる。親戚の昆虫学者に電話で相談したが、「築半年ぐらいなら大した数にはなっていない。薬を使ったら……」ということだった。

板倉の回りには、恐ろしい赤蜂が何匹も見張りに付くようになって、ついに薬を吹き込むことになった。基礎の石積みの中から、モロモロと蜂がこぼれ落ち、山になった。羽音は消えたのでこれでお仕舞いかと思ったら、翌日、外泊していた数百匹が帰ってきて、もう一度薬。一週間ぐらいすると何かが発酵する臭いがし始めた。これは最悪の事態だ。

絨毯を掃除するプロ用のクリーナーを借り、大工さんにベンチの腰板をはずしてもらって、「アッ」と驚いた。ベンチの三つの隅に、幅三〇センチメートル、高さ二〇センチメートル、滴《したた》らんばかりに蜜の入った巣が合計十数枚、座板の裏側から下がっていた。腰板の裏、基礎との間の隙間には、蜂蜜まぶしの「おこし」のようになった働蜂の死骸がぎっしり詰まって、酒の匂いを発していた。

それから数時間は正に戦場だった。窓を開け放たなければ、家の中は石垣の穴から入ってくる蜂で一杯だ。蜜の匂いでそこら中から集まったあらゆる種類の蜂が、狂ったように飛び回る。そのなかで、蜜と巣と死骸は庭先に穴を掘って埋め、ベンチはお湯で拭き、絨毯を洗い、石垣の穴を埋めると蜂たちは退散した。幸いにも、蜜の匂いに酔った何万の蜂

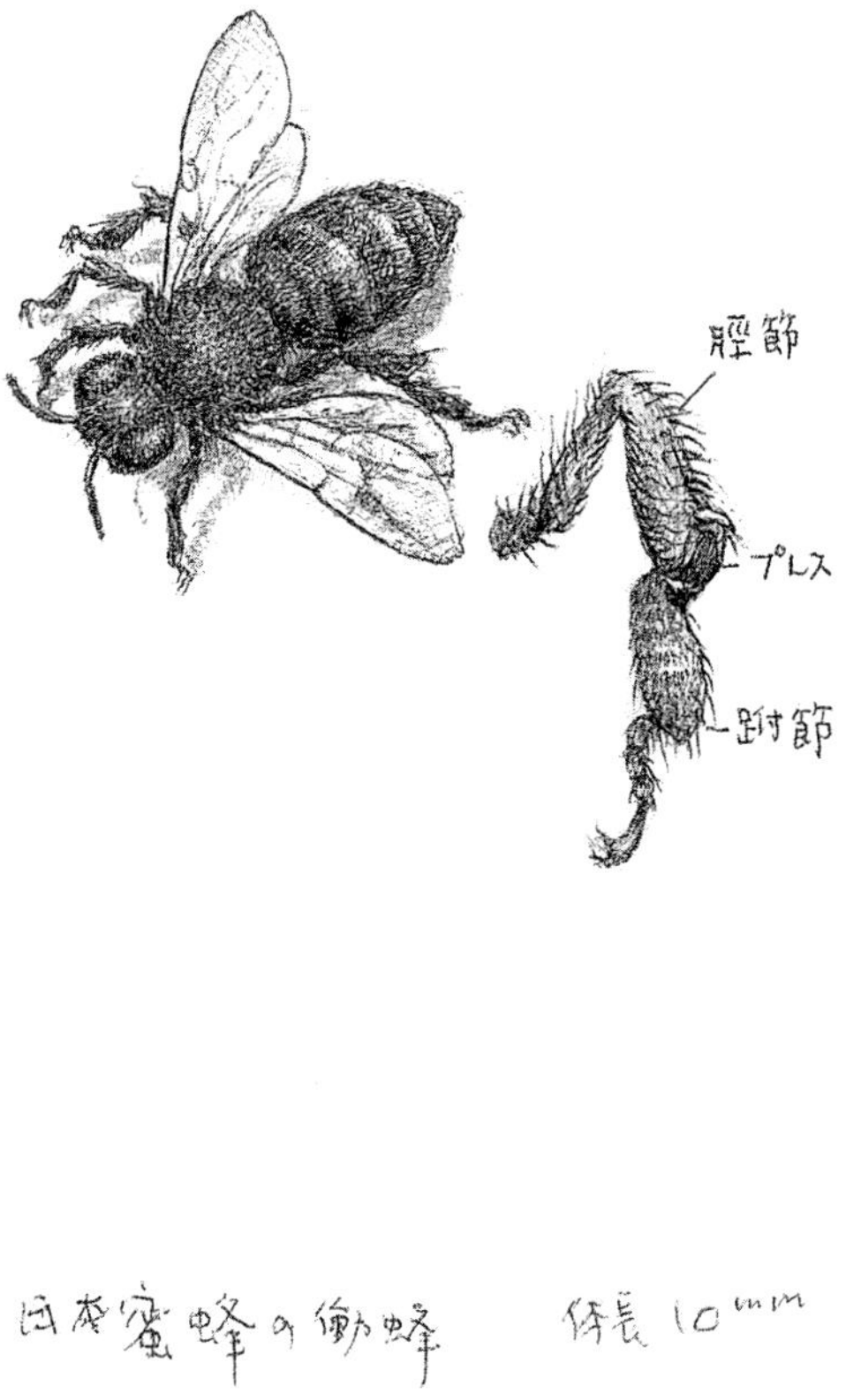

図1———日本蜜蜂の働蜂
西洋蜜蜂よりもやや小型でずんぐりしている。後脚は太く堅い毛があり、花粉団子をつくり保持するための「プレス」と串のような長い剛毛がある。雄蜂は複眼が頭全体のように大きい。

はみんな刺すことを忘れていた。顔にとまった蜂を手で払っても、誰一人刺されたものはいなかった。

最初の蜂蜜を採るまで

数万匹の殺戮《さつりく》は心に痛むものがあった。お寺の若和尚に供養《くよう》もしてもらった。一方で、「何升《しょう》あったか、あの蜂蜜は惜しいことをした」という気持ちも抜けなかった。

その頃三岳村では、郵便配達のおじさんが蜂の専門家であった。配達をしながら地蜂《じばち》の巣の太り方、空を仰いで蜜蜂の巣がどこにできたか観察している。たった数枚の葉書を届けなければならないこの村の範囲はとても広い。

日本蜜蜂を飼うには、「待ち箱」を作って待つのだということを教えてくれた。養蜂《ようほう》用に改良された西洋蜜蜂は、若い女王蜂を養蜂用具店から買うことができるが、野生である日本蜜蜂の場合は、気に入った待ち箱に向こうから入ってもらうしかない。その後は、分封《ぶんぽう》（巣分かれ）のときに用意してある巣箱にうまく入ってもらって、段々巣の数を増やしてゆく。

家具工房の吉田君が待ち箱を作った（図2）。野生では樹の「うろ」などに巣を作る。鉋《かんな》はかけず、古びた板のほうが気に入るらしい。蜜蝋《みつろう》があれば内側に塗りつけておくと一層良い。二年ほどして棲みついた。しかし、これで秋には蜂蜜がいただけるというわけではない。

日本蜜蜂は、姿も生態も西洋蜜蜂とよく似ているが、飼育する上では大きな違いがある。養蜂用の西洋蜜蜂は、蜜蝋に蜂の巣型の六角形の凹凸をローラーで型押しをした「巣礎《すそ》」というものを与えると、その両面に巣を作ってくれる。だから、蜜が溜まってくると、人間は巣礎を張った枠を巣箱から抜き出して、蜜だけを失敬することができる。野生である日本蜜蜂は、巣礎を与えてもそれには見向きもしない。巣箱（本来なら樹のうろ）の上の方から、しっかりとくっついた巣を組み立てる。途中に人間が張った針金（自然にはうろの中に残った節など）も取り込んで、蜜の重さを支えられるようにする。巣箱の中は、やがて蜂の通る隙間を残して一杯になってしまう。とても、蜜の溜まった部分だけを取り出すようなことはできない。日本蜜蜂の場合、普通は蜂を皆殺しにして、巣箱を壊して蜜を採る。

図2────「重箱式」の巣箱
改良された巣箱は、押さえ縁をはずし、蜜の溜まった範囲だけを切り取ることができる。蓋の裏の斜め桟と針金は、巣の取り付きを丈夫にし、重さを支えるため。出入口のスリットの上のブリキ板は、すずめ蜂がかじって幅を広げて侵入することを防ぐ。内側に蜜蝋を塗っておくと彼らは安心する。「待ち箱」もこれと同じものでよい。

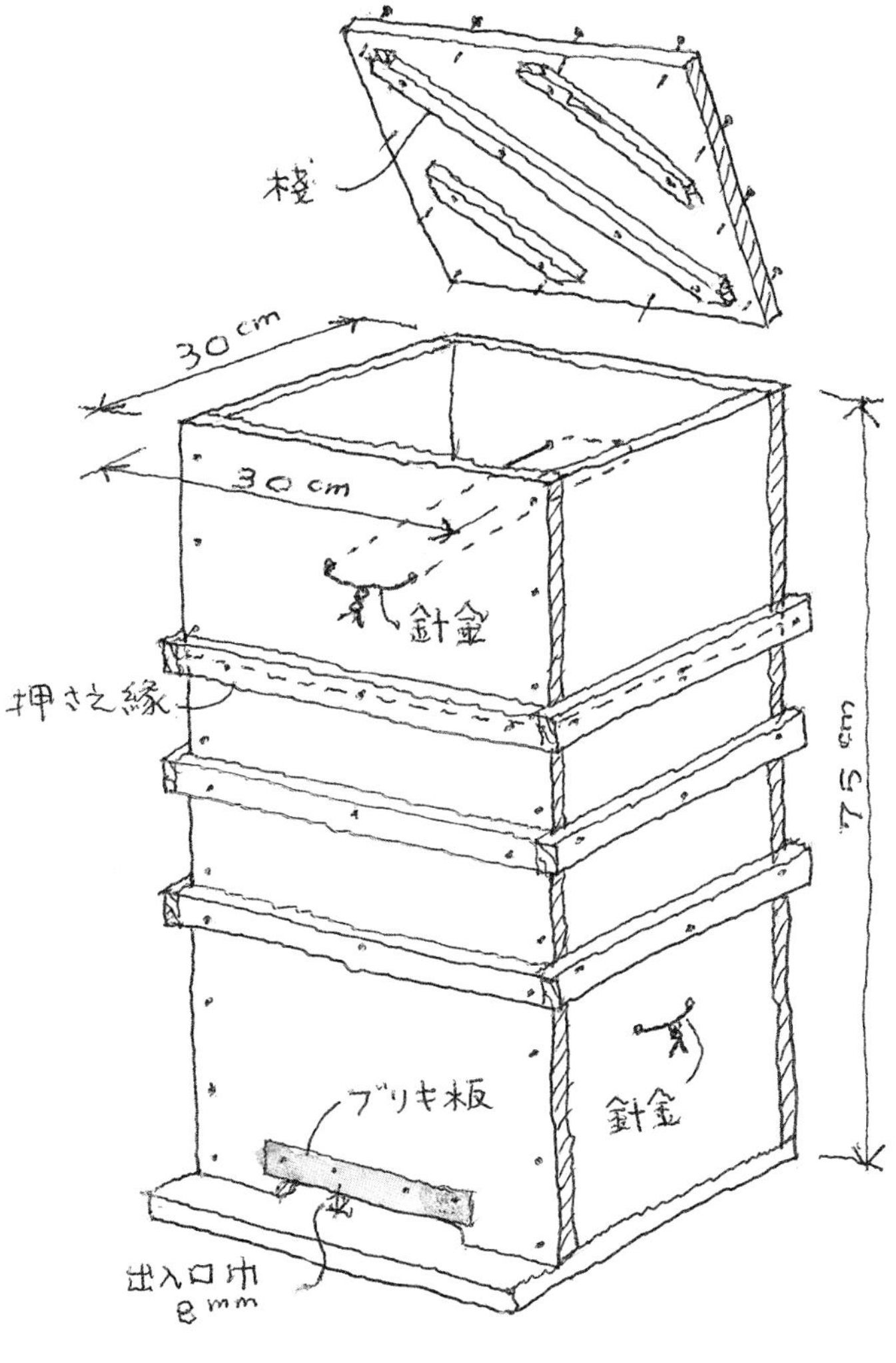

そのためには、分封させて巣箱の数を増やすことが先である。

一年経って分封の結果、巣箱は四つになった。その秋、最初の巣からは三升の蜜が採れた。巣箱はずっしりと重くなっていた。西洋蜜蜂よりもずっと濃厚な美味しい蜜だった。市販の蜂蜜とは、温室トマトと露地からのもぎたて、家鴨と野鴨ほどの違いである。絞りかすからは百匁《ひやくめ》蝋燭《ろうそく》三本分くらいの蜜蝋が採れた。

働蜂の分業

しかし、皆殺しは心が痛む。もっと「平和的、人道的」な蜂蜜採取法はないものか。吉田君といろいろ考えた。「労働の搾取《さくしゅ》」であるという本質的な問題はおいておいて……。分封の歩留《ぶど》まり率を高める方法、蜜を絞《しぼ》る道具なども工夫した。まずは彼らの生活習慣を知る必要がある。

日本蜜蜂の女王蜂は、最初に働蜂が作った上の方の巣房《そうぼう》から卵を産み付け始める。この辺も養蜂状態の西洋蜜蜂とはいささか違うようである。孵《かえ》った幼虫が蛹《さなぎ》になり成虫の働蜂になると、その巣房はいったん空き家になる。その間にも巣は左右と下にどんどん増築され、女王蜂は産み続ける。若い働蜂はしばらくの間は内勤の仕事に就く。内勤の仕事は複雑で多岐にわたるが、働蜂はほぼ羽化後の日齢《にちれい》に従って仕事の分担を変えていく。掃除、並んで羽根で風を送る巣内の温度調節、女王の世話、蜜と花粉の処理法が幼虫の日齢によって違う給食、外勤の働蜂からの収穫の受け取りと貯蔵、巣房の増設と修理、出入口での門番の役、細かく分ければもっとある。合間には練習飛行に出て周囲の地形を覚える。誰が命令するわけでもない。

巣房は、自分の腹の分泌管《ぶんぴつかん》から出た蝋片《ろうへん》をかみ砕いて作る。強度が必要な部分には、植物の樹脂や繊維を混ぜ込む。上の方から空き家になった巣房を蜜と花粉の貯蔵庫に変える。

女王蜂は自分から食べることをしない。世話役の働蜂が口移しに乳化した蜜を飲ませる。この供給する食事量が女王蜂の産卵速度を調節し、人口をコントロールしている。人口が増加し、新しい幼虫の割合が減ってくると、冬のための蜜(=エネルギー源)と花粉(=蛋白源)の蓄積量は急速に増加し始める。蜜の水分が蒸発して保存用にできあがった巣房には、薄い蜜蝋の蓋《ふた》をかぶせる。

外勤になった働蜂は、晴れてさえいれば花を求めて飛び回る。蜜は蜜胃に入れて、花粉は後脚を使って団子にまとめて持ち帰る。途中外泊することもある。

働蜂が見つけてきた花の位置を仲間に知らせる「収穫ダンス」はよく知られている。真上方向を現在の太陽の位置に置き換え、ダンスの進む方向と尻の振りかたで、花の方向と距離を伝える。真っ暗な巣の中で、周囲の働蜂は巣を通して伝わる震動でそれを理解する。飛び立つ働蜂は、巣の上で一回りしてから、教えられた方向に飛んでゆく。働蜂の目には太陽を中心として、天空に同心円が見えているらしい。だから、曇っていても天空の一部しか見えなくても、現在の太陽の位置がわかっている。真っ暗な巣の中にいても、彼女の頭の中の太陽は時間とともに正しく動いている。

帰りに、巣に近づいてからは、飛び立ったときの画像記憶が大切らしい。巣を一メートルでも動かすと、次々と帰巣《きそう》する蜂は元の位置で匂いをかぎまわって、すぐ横にある自分の巣がわからなくなる。刻々の太陽位置の変化によって修正される方向と、疲労度合いで測られる距離の組み合わせによる大きな位置の認識、巣の周辺の地形・位置関係や花の形などの中位のスケールの画像情報、匂いやフェロモンによる細部の判別、この三つが使い分けされているようだ。この性質があるから、養蜂業者は時には何百キロメートルも花の季節を追いながら巣を移動することが可能になる。蜂の体内時計は、間もなく新しい土地に合わせて修正される。

「人道的」な蜂蜜採取法

内勤の働蜂の作業から、秋になると主な作業は巣の下の方に移り、蜜は上の巣房から順に溜まってくることがわかる。冬のための貯蔵用にできあがったあたりには、働蜂も行く必要はない。産卵を続ける女王蜂はずっと下の方にいるはずである。蜜がどの辺まで溜まっているかは、巣箱をそっと持ち上げてみれば、その重さでわかるだろう。蜜の溜まっている部分だけを、手早くいただいてしまえば、蜂を殺さなくてもすむだろう。多少は蜜を残す高さまでにすれば、蛹や幼虫の犠牲も出さなくてすむ。冬までにはまたいくらか溜まるだろうし、砂糖水をやっておけば冬越しもできる。ひとつ問題点は、蜂が普段やったことがない作業……下から上に巣を増築することができるかどうかである。これはやってみなければわからない。

この作業を漫画風に描いたのが図3である。人間は完全装備をしている。選ばれた巣箱の出入口には紙を詰め、作業しやすいところに移す。巣箱の板厚に刃の出を合わせた丸鋸《まるのこ》で、蜜のレベルとの境目をねらって横に切る。細い針金を使って中の巣を切り分けてしまい、素早く下の巣箱に仮の蓋をする。天板《てんいた》をはずして、工房で使っているエアノズルで、切り取ったほうの巣の中に残っている蜂を吹き落とし、ケーキカッターで巣箱の枠から中身だけを抜き取る。巣箱は元の形にして、元の位置に戻す。この間、数分間。

同じことを、巣の中にいる蜂の立場になって描いた漫画が図4（一四一頁）である。女言葉になっているのは働蜂は雌性だからである。

結果は成功で、翌年も彼らは棲み続け、せっせと働いて巣は修復されていた。その後、準備する巣箱は初めから重箱式に変えた。聞いてみると、似たような方法を試みている人

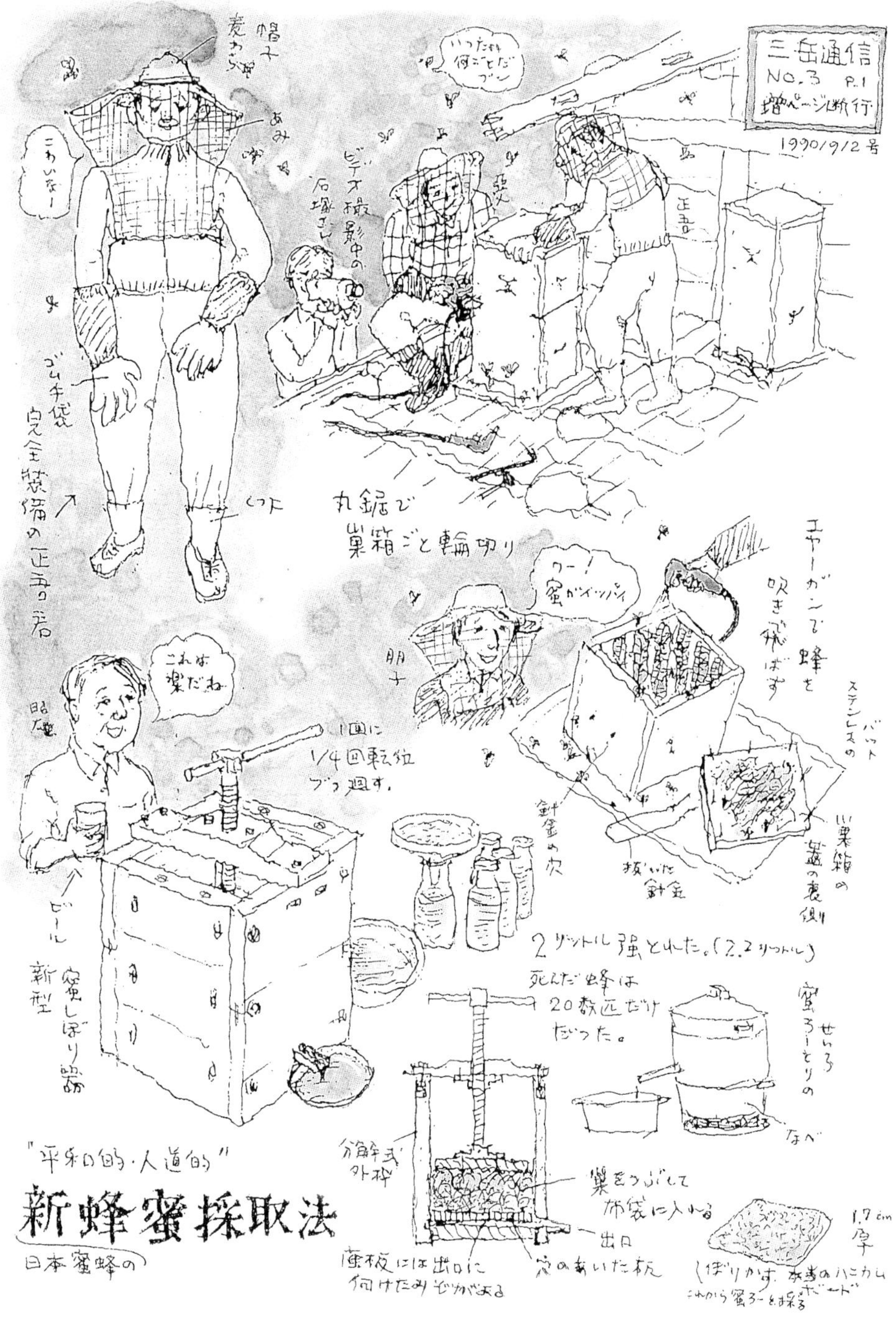

図3———「平和的・人道的」蜂蜜採取法。ただし巣箱の形は「重箱式」になる以前のものである。

の働蜂ばかりのはずだが、分業はスムーズで、やがて若い働蜂に引き継がれる。巣の中では内勤の働蜂が、一番下の方に新しい女王蜂を育てるための特別な巣房である王台《おおだい》を作り始める。ここに産み付けられた卵は普通の働蜂のものと同じだが、与えられる豊富なロイヤルゼリーによって女王となる運命が与えられる。王台の数は巣の勢力によって変わる。同じ頃、女王蜂は多数の雄蜂《おすばち》の卵も産む。性的に成熟しても巣内で交尾することはない。女王蜂は、産卵が止まると体は急に小さくなりはじめ、胸筋も復活して再び飛ぶことができるようになる。

ここまでの蜜蜂の生活は、実に精緻《せいち》にプログラムされていて、天候と花に恵まれている限り安定している。しかし、コロニーがいかに豊かで強大になったとしても、それだけでは生物として、種《しゅ》としての目的は達成されていない。蜜蜂の場合、唯一の生殖能力を持った雌である女王蜂のひきいるコロニーの数を増やさなければならない。それは飼育者である吉田君の目的でもある。ここまでの巣は、女王蜂が一匹であることによって安定が保たれてきた。ここからは、巣内の状態と外界環境によって変わる、劇的で危険なプログラムが始まる。

巣箱を増やす――旧女王の分封

五月中旬のよく晴れた日、旧女王は腹一杯に蜜を吸い込んだ多数の働蜂に導かれて巣を出る。分封である。吉田君は、雄蜂たちが巣の外に出てくることで、最初の分封が間近いことを知る。女王蜂を中心にして、直径一〇メートルくらいの空中で、数千の蜂の乱舞が始まる。羽音が離れたところまで響く。原始的な宗教の狂気の踊りを見るようである。築き上げた豊かな巣を残して、無一物から新天地を開こうとしているのだ。興奮せずにいられようか。

工房のメンバーは飛び出してきて、めいめい水のホースを持って配置につく。頃合いを見てホースの先をつまんで薄い水膜を吹き上げて、乱舞する蜂の群を囲い、あらかじめ決めてある幹は太いがあまり高くない木の方向にゆっくりと誘導する。蜂は羽根に水がかかると飛べなくなるので、水膜から遠ざかろうとする。乱舞を始めて一〇分ぐらいで、もくろみ通りの樹の太い枝に、長楕円形の塊となって止まる。重なり合って羽ばたいているので、全体が煮えたぎっているように見える。

そこで行なわれるコミュニケーションの仕組みは次のようになっているのだという。数匹の偵察役の働蜂が見つけてきた新居の候補地……樹のうろや、私の板倉のような家の隙間、あるいは吉田君が作った巣箱のような候補地を、塊の表面のあちこちで収穫ダンスの要領で仲間たちに伝える。それを伝えられたものは塊を抜け出して自分でも見てくる。その繰り返しを続けるうちに、収穫ダンスの輪はひとつに収斂《しゆうれん》して、長楕円形は徐々に半球形に変わってくる。つまり、この変化は相談がまとまりに近いというサインである。理想的な民主主義の形である。このまま置いておけば、突然、向きは逆だが竜巻のような形になって、一匹残らず矢のように大自然のどこかへ飛び去ってしまう。

水膜を使って誘導したのは、梯子《はしご》の届くところで、用意してある空の巣箱に移すためである。高い樹の上に集まられたのではどうしようもない。半球形になる前に、下から巣箱を捧げ持ち、もう一人が梯子を登って、手で蜂の塊を全部巣箱の中に掻《か》き落とす。蓋をして適当な場所に置いてやれば、たいていはそれでお気に召す。だめなときは翌日もう一度空中乱舞が始まるが、同じことを繰り返せば収まることが多い。こういうときには刺されることは少ない。

新女王の分封と婚姻飛翔

旧女王の分封が行なわれているとき、あるいは数日以内に、巣の中では新女王が蛹から羽化を始める。新女王の幼虫や蛹が複数いるときには、「女王は一匹」の原則から、妹女王は殺されてしまうこともあるという。私のところでは三回くらい分封が続くこともあるので、「平和的」にやっているらしい。それは、残された食料と巣の勢力でさらに分封が可能かどうか、働蜂たちの判断にかかっている。

新女王候補が複数誕生したときには、三日〜一週間の間を置いて分封が続き、最後に残った新女王が、残された働蜂とともに古い巣を相続する。こうして巣箱の数を増やすことができる。しかし、その地域に棲む蜜蜂属全体として、花の量や蜜蜂を襲うすずめ蜂を含めたバランスのなかにいる。巣箱はいくらでも増やせるというものではない。

羽化したばかりの新女王蜂は、当然処女である。働蜂も女王としての待遇をしない。先に述べたように、雄蜂は巣内では性が抑制されている。蜜蜂の結婚のやり方が解明されたのは比較的新しいことである。その地域の蜜蜂のコロニーが共有する婚姻のための特定の空間がある。新参者の西洋蜜蜂の専用式場は、日本蜜蜂とは場所、高度、時間をずらして交雑《こうざつ》を避けている。巣から何キロメートルも離れている場合もあるという。午後の決まった時間に、いろいろな巣出身の雄蜂たちが集まって空中で待機している。巣の外で雄蜂を見かけるようになるのは、分封の季節のサインである。

晴れた日の午後、一匹で婚姻飛翔に出た新女王は、空中でたくさんの雄蜂から一生分の精子を受け取り、貯精嚢《ちょせいのう》に蓄える。交尾に成功できた雄はその瞬間にのけぞるように天国に行ってしまう。女王は晴れて女王蜂となり、一〇数匹の雄蜂は短い一生を終える。女王

✦2
女王蜂の貯精嚢には輸卵管との間に蓋があって、この蓋で受精卵（雌）と未受精卵（雄）を生み分ける。働蜂の作る巣房には大きさが三種類ある。普段作られている小さいのはすべて働蜂（雌）用である。中ぐらいのは雄用で、もっとも広い巣房に産み付けられた雌が特別の餌をもらって女王になる。

にとっても危険の多い旅行だが、多様な遺伝子を獲得できる優れた方法である。新女王はお印（交尾《こうび》標識《ひょうしき》）を付けて巣に戻り、それ以後女王としての待遇を受ける。女王蜂は、蓄えた精子を小出しにして一生産み続ける。貯精嚢の口には弁が付いていて、受精卵と未受精卵を産み分けられる。受精卵は雌性、すなわち働蜂と女王蜂になり、未受精卵は雄蜂になる。[✦2]女王は、働蜂が用意した巣房の寸法を触覚で測って、生み分け方を決める。

私は未だその現場を見たことがないし、この地域の結婚式場がどこにあるのかも知らない。村の人は、「（私の）板倉のあたりは蜂の通り道で、日本蜜蜂が巣をかけることが多い」という。つまり、「蜂も好む」良いところなのである。彼らの結婚式場も、きっとこの通り道のどこかの上空にあるのだと思っている。蜜蜂の作り上げたこの精緻なシステムは数千万年の実績を持っている。それに比べると、われわれ人間の近代文明の信頼度は、足元にも及ばない。なまじ巨大な力を持っていることが、一層危険なのだ。

［参考文献］

西洋蜜蜂についてては数多くあるが、日本蜜蜂についての記述は少ない。

◎自然の手帳シリーズ『みつばち……自然界の幾何学者』立風書房

◎『蜂は職人・デザイナー』（ＩＮＡＸブックレット）

◎『ミツバチの世界』坂上昭一（岩波新書）

◎『新しい蜜蜂の飼い方』井上丹治（泰文館）

◎『蜜蜂の生活』モーリス・メーテルリンク（工作舎）

猫のイブ

イブの登場

五〇年以上前のことになる。クリスマスイブの夜、イブはわが家の門前に捨てられていた。まだ目もちゃんとあかず、生まれて五、六日目の雌、寒さと恐怖と涙でぐしゃぐしゃ。注射器の先にガーゼをつけたもので牛乳を飲ませてもらって生きのびた。それが、後の「偉大な」イブのわが家への登場だった。どう偉大だったかはこれからの話だ。とにかく私の飼った無慮《むりよ》二百数十匹の猫のなかで、並はずれた猫の指導者だった。約一五年生きた。私が母と弟と、横浜の鶴見に住んでいた頃の話である。

初めのうちは、イブは特に目立った猫ではなかった。「よも三毛」という、ほんとうの三毛のようにべた黒、べた茶と白ではなく、それに縞《しま》がかさなったありふれた毛並。顔は寸づまり、胴も尾もみじかく、健康できれい好きな雌猫といったところだった（一五〇頁写真1）。若い健康な雌猫には年に四回のチャンスがあり、三回お産をする。イブが不思議な能力を表わし始めたのは、三回目のお産の頃からである。女は子供を産むと賢くなる。

イブは、その頃までにわが家の三、四〇匹の猫どもを統率するようになっていた。三、四〇匹という数に驚く方もいるかもしれないが、簡単な計算である。子供を産める年齢の雌猫が三匹もいれば、みんな一週間くらいのうちに産むから、一度に一五匹くらい増える。

三〇匹を超えるのは一年以内である。なんとか苦労して半分もらってもらったとしても、いくらの足しにもならない。しかし、ここから先は計算通りでなくなる。根性のある雄は遠くに自分の天地を開こうとして出ていく。中途半端な雄は猫社会から出ていくだけで、物置や家の周りに自分のねぐらを確保して、ひがみ猫になる。それもわが家の飼い猫のうちで、いつも四、五匹はいた。それから大きなことは、ときどきはやり病が蔓延《まんえん》してばばたと死んでしまい、丈夫な猫だけが残る。こうして猫社会の人口は、四〇匹と五〇匹の間から増えなくなる。

私は、「猫社会」という言葉を使ったが、猫に避妊手術をするなどということは、まだ誰も考えない時だった。猫は一人生活をする山猫の仲間だから、群れや社会をつくらないと思っている人がいるが、それは嘘である。猫を何匹かまとめて飼えば、彼らが微妙な相互関係をつくっていることがわかるはずである。普通は、雄がボスになり、テリトリーを維持する。

イブ、共同保育を始める

イブが最初に見せた不思議な能力というのは、雌が集団を統率したということではない。雄がだらしなければ雌が代わったってかまわない。彼女は突然、共同保育を発明したのである。既に記したように、孕《はら》んだ雌猫は一週間くらいのうちに数匹ずつの子供を産む。イブは押入の下段を保育室に占領して、全部の子猫をひとまとめにする。そうして、親猫は一匹ずつ交替で面倒をみる。全部の乳首に子猫が二段になって吸いついてもあぶれる子が出る。充分飲んだやつはときどき親が交替させる。そのとき、あおむけに返して下腹をなめる。これは猫の本能に書かれている約束で、子猫はオシッコを出す。親はまったくこぼさずに飲んでしまう。次におしりをなめるとウンコを出す。これもなめてしまう。子猫はそれがすむと安心して眠ってしまう。親は次々とオシッコとウンコをなめる。自分の子と他の子を区別するようなことは決してない。もう区別できないのだから。

話はそれるが、子猫が乳以外のものを少しでも食べ始めると、親猫は決してこれをやらなくなる。子猫には、巣の中を汚してはいけないという本能があるから、這《は》ってでも巣の外へ出ようとする。このときがしつけのチャンスである。砂箱を用意してそれに入れてやる。砂箱の位置は、子猫の行動能力に応じて遠くし、縁側を上がり下りできるようになると、砂を庭に撒《ま》いてしまう。これで、子猫の頭の中には家全体が巣であるという観念ができあがる。

一匹の親猫の保育担当時間は、三〇分と決まっている。時間がくると親は立ち上がり、乳首の子を振り払って保育室を出ていく。そうすると、もう一匹の親がどこからかすっと現われて保育室に入っていく。親が三匹いれば、一時間は自分の食事をしたり、休憩したりできる。イブはその間も、わが家の他の猫どもの食事の請求をしたり、領地（彼女の場合、テリトリーという概念とは違う）の見回りをしたり、することがたくさんある。イブがどうやって共同保育のルールを考え、その方法とその利点を他の親猫に教えたのかはわからない。

この共同保育の伝統は、イブの生きている間、保母の構成員は変わってもずっと続いたから十数回になる。しかし、イブの死後、このわが家の猫社会の文化は伝承されなかった。イブが偉大すぎたのか、イブの統率下で他の猫どもがグータラになってしまったのか。

猫社会の文化の伝承

ここでまた私は「猫社会の文化の伝承」などという言葉を使ったが、これは比喩《ひゆ》的な言い方でも、大げさな言い方でもない。他の例をあげよう。

私が結婚して、母と弟と猫社会を出て、別の所帯をつくった後、私の家族のほうにも小さい猫社会ができた。そのなかに、ギーという名の頭の良い若い雄猫がいた。彼は、ある日突然、引戸のガラス戸の新しい開け方を発明した（図1）。普通の猫は戸を開けたいとき、鼻や前足で開けたいところをこじっているうちになんとなく開いてしまう。ギーの発明した方法は、これとは根本的に違う。開けたいところの反対側の框《かまち》（建具の枠）にいきおいをつけて飛びつき、ちょうど彼が立ち上がったあたりの高さの框を両方の前足で抱え込む。飛びついたいきおいで戸が少し動いたのに合わせて、後ろ足で敷居をけってガラガラッと戸を引っぱり、ほとんど全部開けてしまう。人間が大戸を引く姿と同じである。そして出直して、大きく開いたところから出入りする。他の猫は決して自分ではやらず、ギーの開けた後につづいて出入りする。

このギーの方法が、鼻でこじる試行錯誤的な方法とは根本的に違うことはおわかりいただけると思う。第一に、開けたいところと反対側の框を引くところである。もう一つは、一連の行動がきわめて目的にかなったいくつかの行為の組合せでできていて、まるで引違い戸というものの仕組みを理解しているかのように思えることである。

猫が合目的行為を頭の中で組み立てて、一連の行動をつくりあげるはずはないとお考えの方は、ギーが偶然成功したのだと考えられてもよい。ただ、それが目的を満たす行為であると認識して、その後ずっと繰り返したということだけでも驚くに値する。「閉めるほうもたのむよ」と言ったが、それはだめだった。ギーは交通事故で死んでしまった。その途端に、今までギーの後から出入りだけしていた猫のなかの一匹が、同じ開け方を始めた。ギーから数えて四代目のカラヤンまで、その開け方を伝えていた。しかし、わが家に泥棒が入って鍵をかけるようになってから、残念ながらこの貴重な文化は消滅した。

これが猫社会の文化の伝承でなくしてなんであろう。悲しいかな、猫族の文化は一つの

図1———「ギー」が引戸を開ける

写真1———市橋とし子の猫のいる人形「小春日」（一九七九年）。人形作家市橋とし子はこの話に出てくる私の実の母、つまり「イブ」を代表とする猫社会と共同生活する人間家族のほうの母親。少女の脇に寝ている猫は、若いときの「イブ」とそっくりで、年代のずれはあるが、多分彼女がモデルになっている。（撮影／市橋徹雄）

猫社会のなかにとどまって、その社会と状況の継続性がとぎれるとともに消えてしまう。だから今、私が代わって猫社会の文化を記録にとどめているわけである。しかし、私が記録したとしても、これが他の猫社会に啓発を与えるものではない。猫族が文化を徐々に集積して高度な文明をものにしたら大変である。

後からついて出入りしていた猫どもも、この技術を知っていたに違いない。担当者がいれば知らん顔というのが、「猫の横着《おうちやく》」である。

猫さまざま

再びイブの時代に戻ろう。シオガメという若い雄猫がいた。その名前の由来、わが家では荒塩は小さい瓶《かめ》に入れてあった。ある日、シオガメがその瓶の上にぺったり座っているのを見つけた。よく見るとオシッコをしているではないか。塩の湿りぐあいから今回だけではないことがわかった。人間にも塩には清めるというイメージがある。たしかに気持ちがいいだろう。塩は別の入れ物にした。それからシオガメは、洗面所の洗面流しを使うようになった。

シオガメはいたって優しい気質の猫で、ニャーといえずハーと鳴き、イブの統率の下に安住していた。その頃、初めての恋の季節をむかえるとても可愛い雌（名前を忘れたので仮にキリと呼ぶ）がいた。私の見ている前で、シオガメに対するキリの求愛が始まった。彼女はつまさき立って前足を交差させるようにシオガメに寄ってゆき、肩で軽くふれると、ごろっと横になった。シオガメは驚いて、目をまるくしてキリに鼻をよせる。彼女はパッと飛びのいて、五〇センチほど先にまたごろっとなる。シオガメの瞳孔は開いて、涙がふき出してくる。急いで駆け寄ると、また飛びのく。すっかり血がのぼって、やっとキリの頸《くび》をしっかりくわえる。まだ結婚していなかった私は、「参ったな」と思った。

イブの彼氏は、見るもぶざまな隣のドラちゃんだった。荒々しい一瞬の恋をする。猫さまざまである。配下の若い雄猫がイブにかかろうとすると、「私に変な気おこさないで」というように、パンと一発はたいてしまう。彼女にとって、わが家の猫どもはすべて母性の対象なのだ。ひがみ雄猫どもは存在すら無視されているように見えた。初産のキリも、イブの共同保育に参加した。しかも、自分が産む一週間前からである。グルニャッという子どもに対するときにだけ出す鳴き声を出して、よその子に乳をやり始めた。

たくさんの猫を飼ってみると、それぞれに個性があることがわかる。その話を始めるときりがない。

イブ、偉大な母性

イブは、いつも配下の猫どもが腹をすかしていないか気にしている。時間になると、代表して人間に催促《さいそく》にくる。

たくさんいたから、ろくなものをやるわけではない。アルミの洗面器で煮干のだしのおみおつけご飯をやる。イブは洗面器の脇にきちっと座っているだけで自分は食べない。一番若い世代の子猫の一群がまず食べにくる。それが終わると、その前に産まれたグループ、そして大人猫ども。途中でなくなると、イブは「足りない」と言いにくる。最後に自分が食べる。決して順序を乱させることはしない。ひがみ猫どもは、イブが出かけている留守を見計らって、一匹ずつやってくる。縁側のところでまず猫どもに向かってギャオッとすごむ。そして、肩をいからせ肘《ひじ》をはって台所の洗面器までゆっくり進む。食べ終わった後はそそくさと出ていく。

イブは人間に要求するだけでなく、自分でも美味しいものを調達してくる。イブが何かくわえて帰ってきたことは、猫どもには人間にわかる五倍も遠くからわかる。寝ていた猫どもは、いっせいに跳ね起きて迎えにいく。イブは誇らしげにニャオニャオッと叫んで、一跳び三メートルほどで先頭を帰ってくる。他の連中は思いおもいに、生け垣の間をぬけて追ってくる。イブは、くわえてきたものを部屋の真中に置くと、皆に食べさせる。まだあったことを思い出すと、もう一度出かけていく。すごく生きのいい鰤《ぶり》の切身をくわえてきたことがあった。

「あら、こんないい鰤、猫にはもったいないわ」

と、母が取り上げると、もう二切れくわえてきた。

「どこから取ってきたの。聞いたって言わないわね」

往復の時間から半径一〇〇メートルくらいの範囲である。代わりのものをやって、いささか後ろめたいが人間三人家族の晩のおかずになった。イブの失敗は葱《ねぎ》を一本もってきたことである。ちり鍋の用意の中から選ぶ時間がなかったのだろう。

猫は盗むといっても、人間のように鍵を壊したり、人を傷つけたりはしない。取れるところに置いてあるものを素早くいただいてくるだけである。叱《しか》られることであることもよく知っている。今家にいるカラヤンは、食卓の上のものに手を出しているところを見つかって「コラッ」と言われても、目をつぶって頭は下げるが、手のほうはしていることを続ける。「この家では叱られてもたいしたことはない。それより……」と、合理的に考えるのが猫の思考法である。よその家からものをいただくときは、より真剣に状況を判断する。

イブ、わが道を行く

イブはいつも道の真ん中を歩く。歩速を変えず真正面を見たまま歩く。母が買物にいくときは全員がついてゆく。イブは母の二メートルほど先を、他の連中は四つ目垣の間をちょろちょろと。

イブが支配していたのはわが家の猫どもだけではない。これも半径一〇〇メートルくらいの中の、人間と鶏《にわとり》を除くペットたちすべてである。イブが歩いているとき、それを見る犬がいると、イブは足を止めずに犬の方をキッと見る。犬はつと横をむいて「僕なにも見ませんでした」というふりをする。大きな犬がである。もし、心得違いをおこしてイブに吠えるやつでもいると、飛んでいくなり先制の一撃で相手の鼻をひっかく。そして優雅に向きなおると、「わかればいいのよ」というように、ゆっくりした足どりで帰ってくる。相手は「やっぱりかなわないのだ」ということを深く脳裏に刻みこまれる。深追いをして、相手を必死にさせることは得策でないことをイブは心得ている。なにしろイブは永く生きたから、今は大きな犬も、小さいうちにちゃんと手当してあったのだ。

猫同士のけんかにもイブは跳んでいく。逆毛を立てて鼻をつきあわせてわめいている間に飛び込むと、前足をつける前に、右足で左の猫、左足で右の猫、パパン、それで終わりだ。猫同士は殺し合いのけんかは避けようとする。持っている武器には充分その力があるからだ。「俺のほうが強いんだぞ」と体を大きく見せ、わめきあいで決めようとする。決着が付けばそれでよし、つかなければ血を見ることになる。イブは平和主義者だ。

わが家は鶏も飼っていた。イブのやりかたに習って、鶏は襲ってはいけないことを猫どもに教えこんだ。わが家の猫は皆、子供のときに鶏の前につれ出されて洗礼を受ける。頭をコツンとやってもらうのだ。鶏がいると猫は遠回りして通る。

わが家から一五〇メートルほどいくと、第二京浜国道の上にかかった眼鏡橋のところに出る。公設市場は橋を渡ったところにある。母の買物についていった猫どもは、イブをのぞいてその橋の手前の風呂屋の灌木《かんぼく》のしげみの中にかくれて待っている。イブは、眼鏡橋も堂々と渡って、市場の中に入る。そこで母はイブを抱かないと大変なことになる。なにしろ素早いのだから、余分なものまで買わなければならない羽目になる。帰りは風呂屋のところで全員合流、ニャニャニャンという合唱とともに帰ってくる。よそではあまりお目にかかれない眺めだった。

大人猫の間にひどい病気が広がったことがある。三つ口の上唇《うわくちびる》が融けて鼻までやられてしまう。梅毒《ばいどく》のような性病の一種ではないかと思う。半数が死んだ。ちょうどイブを含めて三匹が妊娠していた。子供を産むことは産んだが、三匹ともが保育を拒否した。イブのときのように、注射器で牛乳をやったが、生まれたてではとてもだめだ。段々鳴き声が小さくなって、三日後には死に絶えた。イブは前歯が見えるようになったが生き延びた。

病気で死ぬとき、大人猫は二つのタイプに分かれる。「苦しいくるしい」と人間に寄ってきて、腹をさすれという猫と、死期を悟るとどこかへいってしまう猫とである。前者は家畜化してしまった猫で、柿の木の根元に埋められて、やがて柿の実になる。後者はテリトリーを穢《けが》してはいけないという本能が生きている猫なのだろう。ずいぶん遠くまでいくらしく、その死体を見つけたことはない。

一五年ほどいたイブは、なんとなく顔が白っぽくなってお婆ちゃんらしくなったが、依然として一家を統率していた。そしてある日、消えるようにいなくなった。イブの後を継ぐ猫は現われなかった。

巻き貝 その成長の不思議

■ホラガイは連続的に成長できるか

屋久島の民宿にあったホラガイをスケッチしながら、オヤッと思った。

貝の真上（殻頂《かくちょう》）の方向から見ると、貝殻の螺旋《らせん》の進行角度二四〇度ごとに、螺層《らそう》の間を結ぶ同じ波形をした襞《ひだ》状の部分が繰り返えされている（図1）。巻き貝の螺旋の中心から外側への進行は、貝の成長を意味しているのだから、この襞は貝の成長のなにかの段階の痕跡を残しているものでなければならない。いったいこの正確な角度二四〇度はなんだろう。本にも図鑑にも、この方向から見た図や写真は載っていない。

二〇世紀の建築の巨匠、フランク・ロイド・ライトは自分の設計の原理（Principle）を、単純性（Simplicity）、統合性（Integration）、連続性（Continuity）という三つの言葉を使って説明した。そして、弟子たちに巻き貝の形をその実例として示したという。またニューヨークに建てたグッゲンハイム美術館は、まさに巨大な巻き貝の形をしている（写真1）。

貝の形や模様の美しさには異存はない。しかし、私はかねてから巻き貝の形をよく見ると、「貝は連続的に成長できないのではないか」という疑問を持っていた。

話を最初のホラガイのスケッチに戻す。ホラガイは本邦産の巻き貝の中では最大で、四

写真1――ライト晩年の傑作グッゲンハイム美術館。吹き抜けのトップライトを見上げると渦巻き状の展示空間の構造がよくわかる。（撮影／新建築写真部）

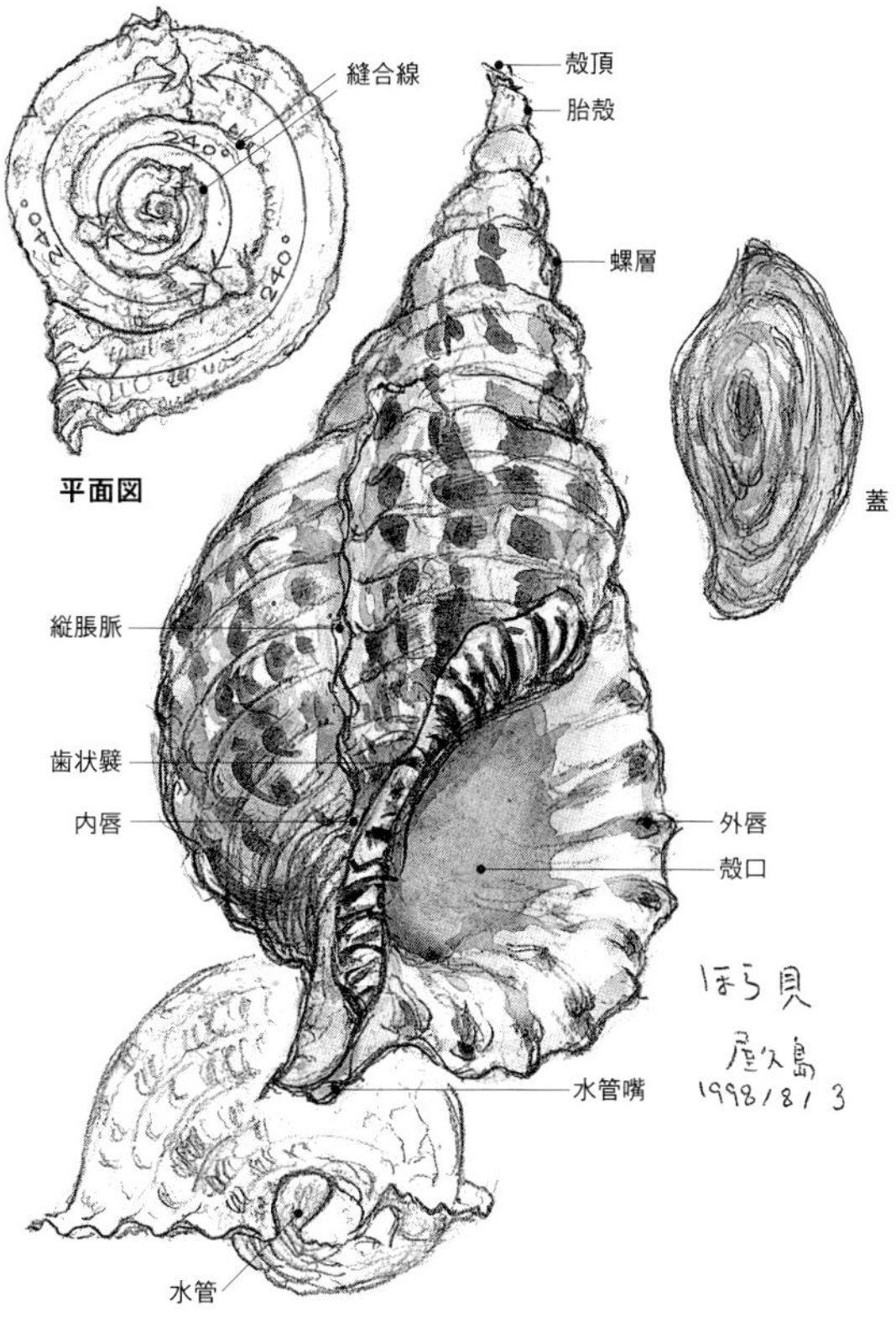

図1――――ホラガイ
屋久島の民宿でのスケッチ。腰のふくらみから雌と思われる。大きな殻口の周囲に歯状襞が巡る。左上は殻頂から、左下は水管側から見たスケッチ。回転角240度進むごとに、縫合線の間を縦張脈が残る。1回に240度進むと、それ以前の内容積の2倍をはるかに超える大きさになる。

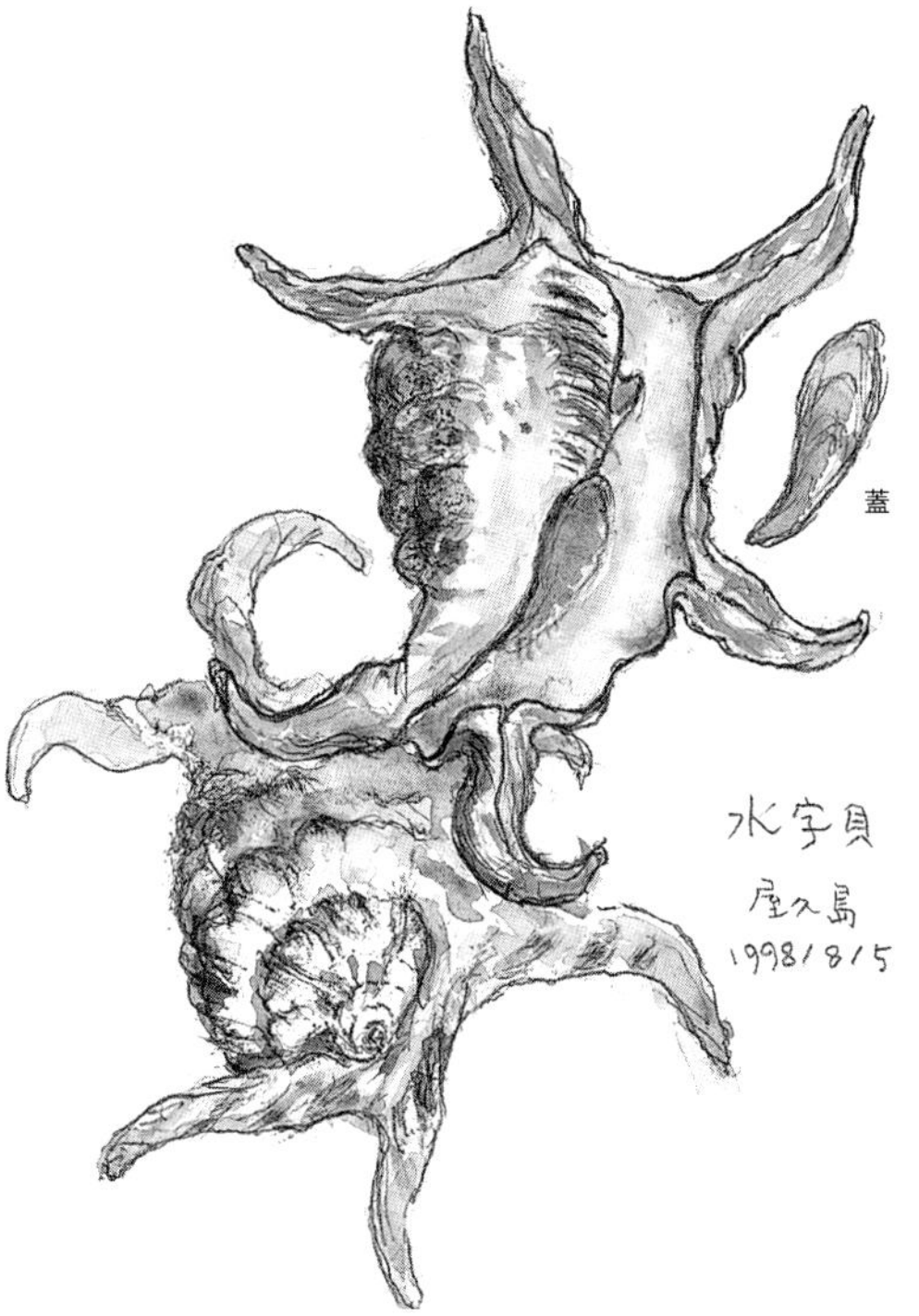

図2――――スイジガイ
「水」という字の形に見える（スイショウガイ科、ソデガイ、トンボガイともいう）。この科の貝の形は変化が大きい。しかし、その特徴的な形になるのは成長の最後の段階で、それ以前は普通の巻き貝の形だという。スイジガイの太く恐ろしい腕も、親になる成長の最後の段階でつくられる。
右上は腹、左下は背側から見たもの。細く尖った蓋を海底やものに引っかけて、蹴るように体をジャンプさせ、捕食者から逃れる。

○センチを超えるものもあるから、実物で高さ約三○センチあるこの図のものよりさらに成長することもある。この腰の太さはおそらく雌の殻で、雄はもう少し細身である。山伏《やまぶし》が吹き鳴らす「法螺貝《ほらがい》」になるのは雌の殻だという。

まず最初は、ホラガイは連続的に休みなく、殻を作り続けているのだと仮定してみる。図1の、今できたばかりのホラガイの口（殻口《かくこう》）は、螺旋の延長として、引き続き左斜め下の方向に移動を続けなければならない。その新しく作る部分は、さらに太くなる螺旋面に沿うことになる。口の周囲を形作っている唇《くちびる》（右の外唇《がいしん》と、左の内唇《ないしん》および歯状襞《しじょうへき》）は大きく反り出しているから、進行方向の面には塗り重ね、その反対面は溶かすことを連続的に続けていくことになる。

このとき、図1の殻口の左側から縦に長く続く襞（縦張脈《じゅうちょうみゃく》）の下半分（螺層間の縫合線から下）は、殻口の移動の下になって消えてしまう。消されずに残った縦張脈の上半分が、平面図に見えた二四○度ごとの区切りになる。この縦張脈の形は、「フジツガイ科」に属する巻き貝に共通する特徴である。水管回りも同様に絶えず向きを作り直す。これで最初の疑問については、一応の説明がついた。

しかし、このやり方では殻口の周囲は常に増築工事中である。ヒトデ、ウニなどを食べる肉食性であるホラガイは、いつ食事をするのだろう。外敵だっている。玄関扉がいつも不完全な家に住んでいるようなものである。

はじめに仮定したように、ホラガイが休みなく連続的に殻を拡大させているのだとすれば、世の中のホラガイのなかには、二四○度ちょうどではなく、その中間に殻口のあるものも見つからなければならない。貝殻にも山伏の法具にも、そういうものは見たことがない。そうだとすると、最初の仮定は間違っていることになる。

■不連続な成長パターン

ホラガイは、ここまで述べた角度二四○度分の増築手順の大部分を、安全な場所に隠れて一気に進めると考えたほうが妥当だと思われる。この方法でも、前述の縦張脈の形は同じに表れる。貝の殻は、表面の薄い角質層《かくしつそう》、厚い蜂の巣構造のような稜柱層《りょうちゅうそう》、薄い内面の真珠層《しんじゅそう》の三層からなっている。最初の仮定のように殻口を連続的に移動させるのではなくて、不要になる部分を溶かして除去しながら、二四〇度先までの目的の形を薄い角質層で作ってしまって、まず最低限の生活を可能にする。それから徐々に層を塗り重ねて完成させる、と考えることができる。

餌を採って軟体部の成長をする、安全なところに隠れて殻を増築する、この二つの生活パターンを時間的に交互に繰り返している。蓋《ふた》にも段落の後が残っている。

ホラガイにとっては、どうせ大工事をしなければならないのなら、チビチビと増築工事を繰り返すよりも、一気に二四〇度拡大したほうがきりがよい。材料のカルシウムは海水中には豊富に含まれている。しかし、本にも図鑑にもその説明はない。

ホラガイと同じ時にスケッチしたスイジガイ（図2）も、巻き貝である（スイショウガイ科）。太い、曲がった六本の腕が、「水」の字に見える。殻口は非常に狭いが殻の厚さはとても厚い。この形で、どうやって成長できるのか、想像することもできない。

ところが、スイジガイにあの腕ができるのは、これから親になる最後の成長段階で、それ以前は普通のありきたりの巻き貝の形をしているのだそうだ。それならわかる。

■ホネガイは一二〇度ピッチで成長する証拠を殻に描き残す

私は貝のコレクターではないが、そのあまりのみごとさにホネガイの殻をひとつ買った（一六〇頁、図3）。鹿児島か高知だったか忘れた。友人の永田昌民さんも、少し小さいホネガイを二つ持っていた（図4）。もちろん、この三つのホネガイは別の個体ではあるが、比較をすれば、成長の仕組みをある程度まで想像することができるだろう。

ホネガイは、「アッキガイ科」のなかの「ホネガイ類」に属している。よく似た仲間のなかでもっとも繊細で美しい。一見してわかるように、張り出した三本の縦骨（縦張肋《じゅうちょうろく》）に囲まれ、膨らんだ殻（螺肋《らろく》）、縦骨から反り上がる多数の太い棘《とげ》、縦骨は合体して長い水管となり、それから三方向一二〇度ごとに魚の背骨か櫛《くし》の歯のような、長く細かい棘の列が伸びている。棘はすべて管状だが、一側面に細い溝がある。

殻口の外唇にあたるところには、棘の溝の

位置と関連して、赤い粒状の突出（外唇縁歯《がいしんえんし》）が九個並んでいる。その面から右に回った二つの面にも、この縁歯は同じ位置に同数九個が付いている。しかし、それらの螺層より上の層ではすべて下四個は殻口に消されて、上五個のみが残っている。つまり、この九つの赤い外唇縁歯は殻口とともに作られるが、殻口が移動するときには消されずにその位置に残り、新しい殻口が作られるときに、下四個の点が消される。そのことは、ホネガイの殻は、角度一二〇度ピッチで進行・成長してきたことを示す証拠である。

図のホネガイが次の一二〇度を進もうとしたとき、縦張肋から反り上がって生えている大小の棘の約四本は、いったん溶かして作り直さなければならない。しかし、邪魔なのはそれだけではない。

■ホネガイの棘の列は一列全部作り直す

移動しようとする殻口がぶつかる棘の列は、今ある三つの列のなかで最初に作られたものだから、螺層に取り付いているレベルが一番高い。棘の上から四本は取り除かなけれ

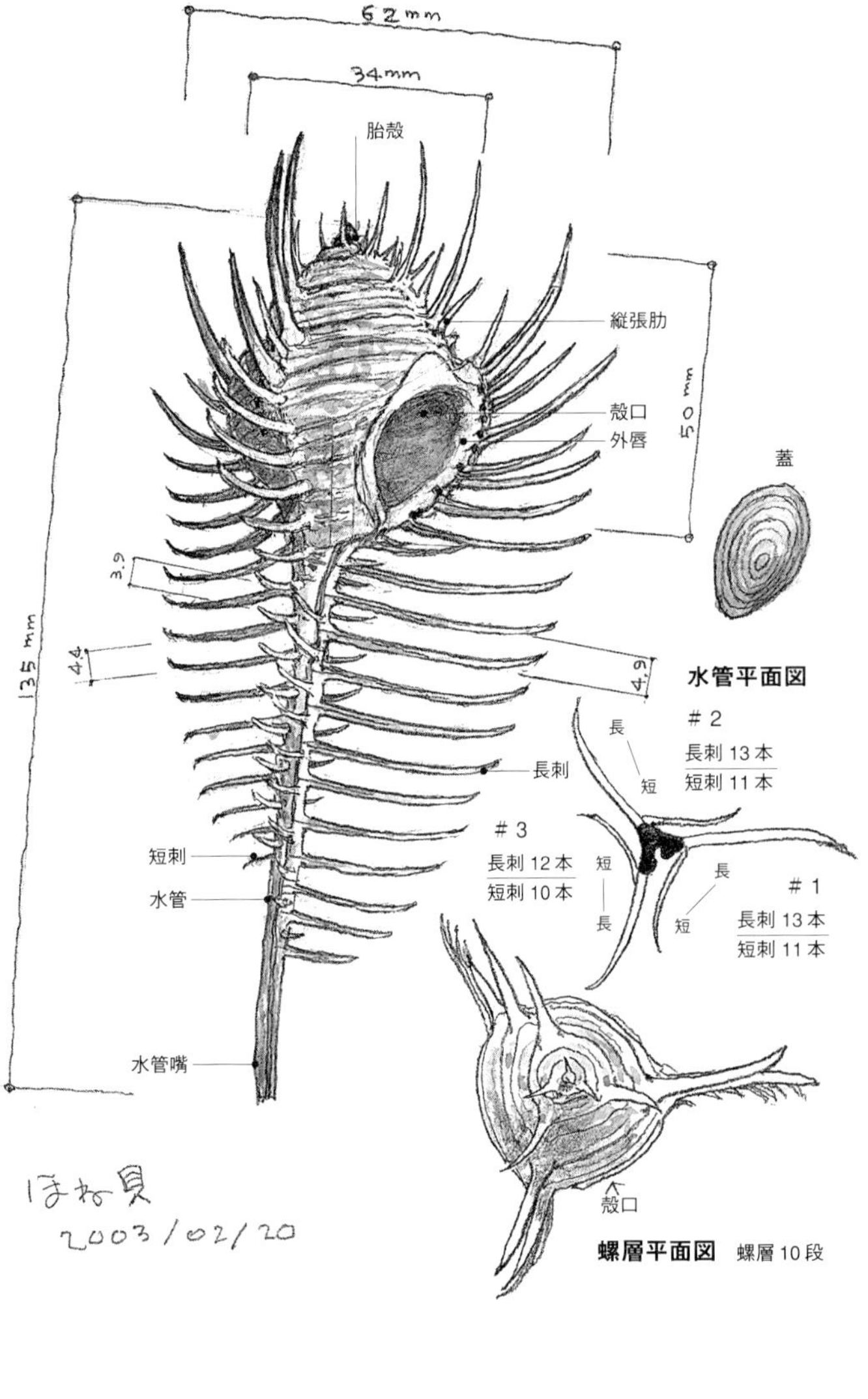

図3――ホネガイ（大）
回転角120度ごとに成長する。この図の状態の次は、殻口は左に120度進んだ位置に開かれ、この図のところは右から伸びてきた螺層で覆われる。そのとき、＃3の棘列の長刺・短刺はすべて、長く、太いものに作り直される。
120度方向に放射する棘列は、長刺と短刺の組み合わせになっている。＃3、＃2、＃1の順序で作られた。

ばならない。さらに、以前に作った棘の列は、太さも、長さも、棘の間隔も小さく、次に作ろうとしている棘の列は今までのどれよりも大きいものである。もうひとつの問題もある。殻口が移動する場合、それから発する水管溝も同じ面に移らなければならない。棘は長刺・短刺があり（図3右下を参照。さらに細く短い棘列が加わる場合がある）、新しく作られる棘列の長刺・短刺は、ともに水管溝の右側から生えなければならない。水管嘴も伸ばす。

　これらの理由から、ホネガイが一二〇度成長するとき、殻口の移動と同時に、棘の一列は上から下まで全部作り直さねばならない。考えても大変な仕事である。

　たまたまあった三つのホネガイを比較してみると、体の小さいものは棘の列の本数も少なく、大きいほど本数、太さ、間隔ともに大きくなっている。真上から見ると（図3右下の螺層平面図を参照）、成長につれて螺層がわずかに左に捻《ねじ》れてゆく。正三角形に新しく加わる一辺の長さが、つねに少しずつ長く成長することを考えると、この捻れは理解できる。

　随分ややこしく長々しい説明をしたが、ホネガイの成長の「幾何学」はわかった。「カ

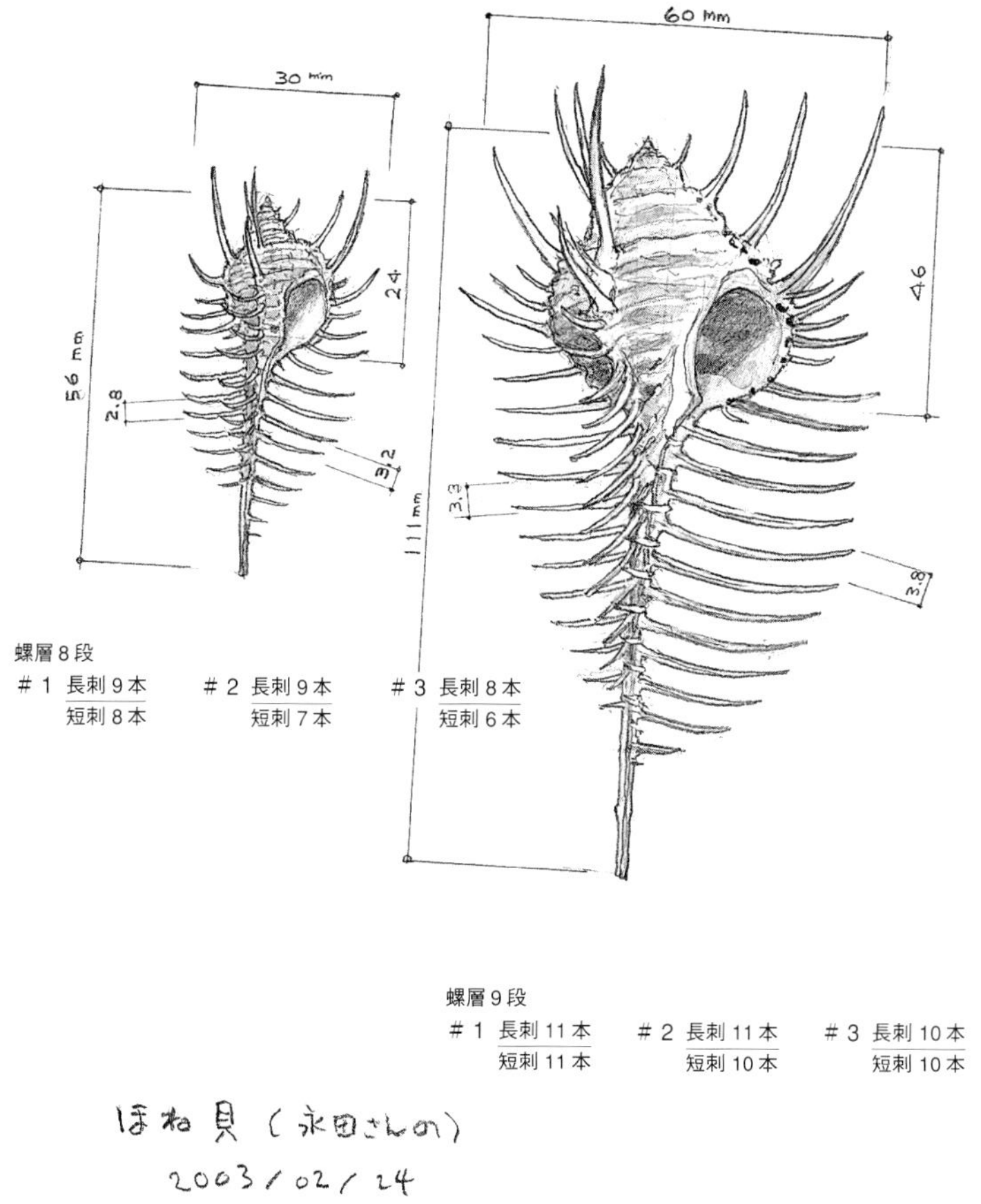

30 mm
60 mm
24
46
56 mm
111 mm
2.8
3.2
3.3
3.8
螺層8段
＃1 長刺9本 短刺8本
＃2 長刺9本 短刺7本
＃3 長刺8本 短刺6本
螺層9段
＃1 長刺11本 短刺11本
＃2 長刺11本 短刺10本
＃3 長刺10本 短刺10本
ほね貝（永田さんの）
2003/02/24

図4――ホネガイ（中・小）
図3とともに螺層の数が一段ずつ違うものを、向きを揃えて並べているが、成長段階が等しいピッチであるかどうかはわからない。大きさが大きいほど、棘列の数、太さ、棘の間隔も大きくなるから、ただ長さや太さだけ直せばよいというわけにはいかない。

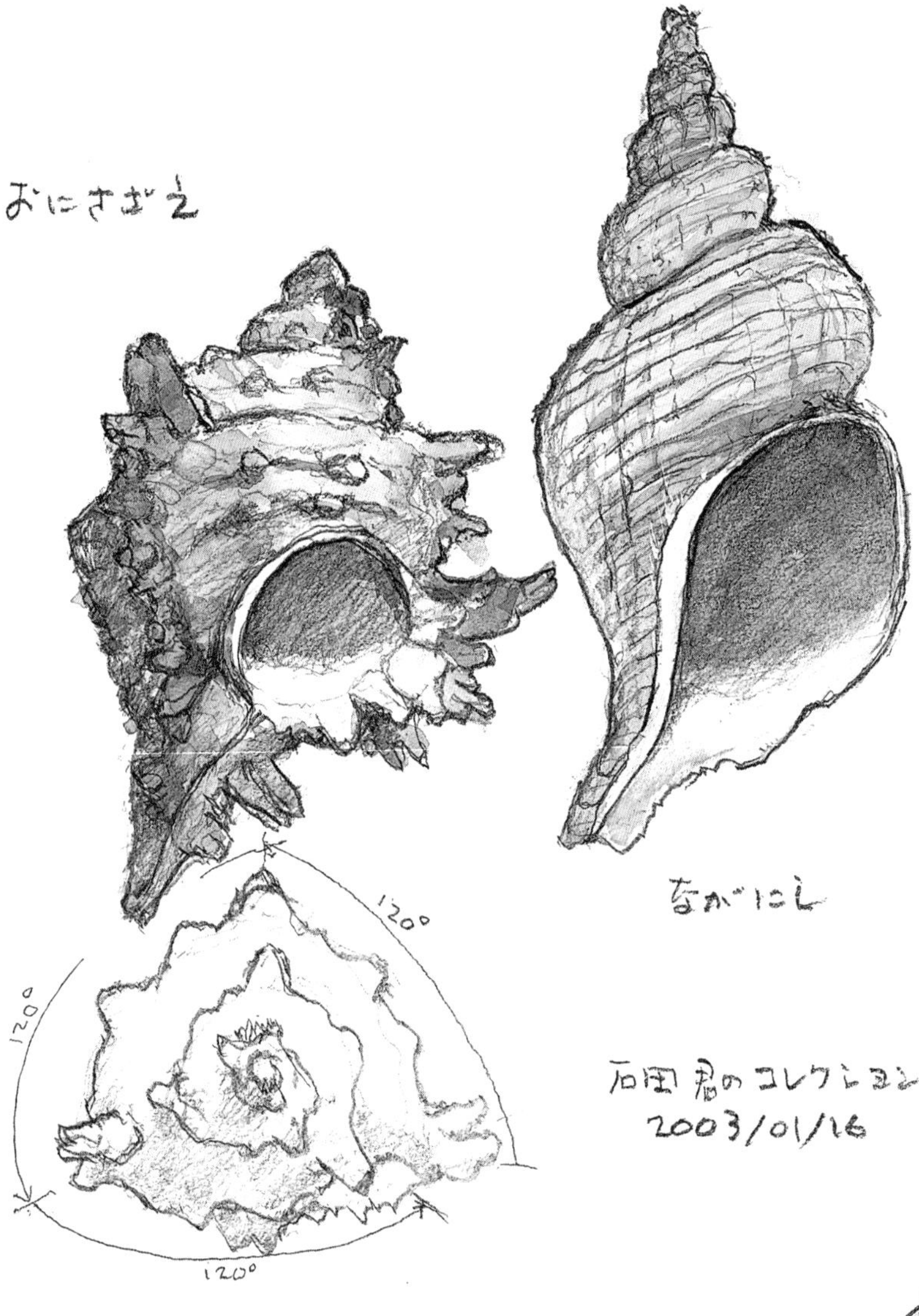
おにさざえ
ながにし
1200
1200
1200
石田君のコレクション
2003/01/16

図 5———ナガニシとオニサザエ
ナガニシ（イトマキボラ科）は食用になる。卵嚢〈らんのう〉は、「あわほうずき」として子女が遊ぶ。オニサザエ（アクキガイ科）も食用。付着石灰に覆われていることが多い。

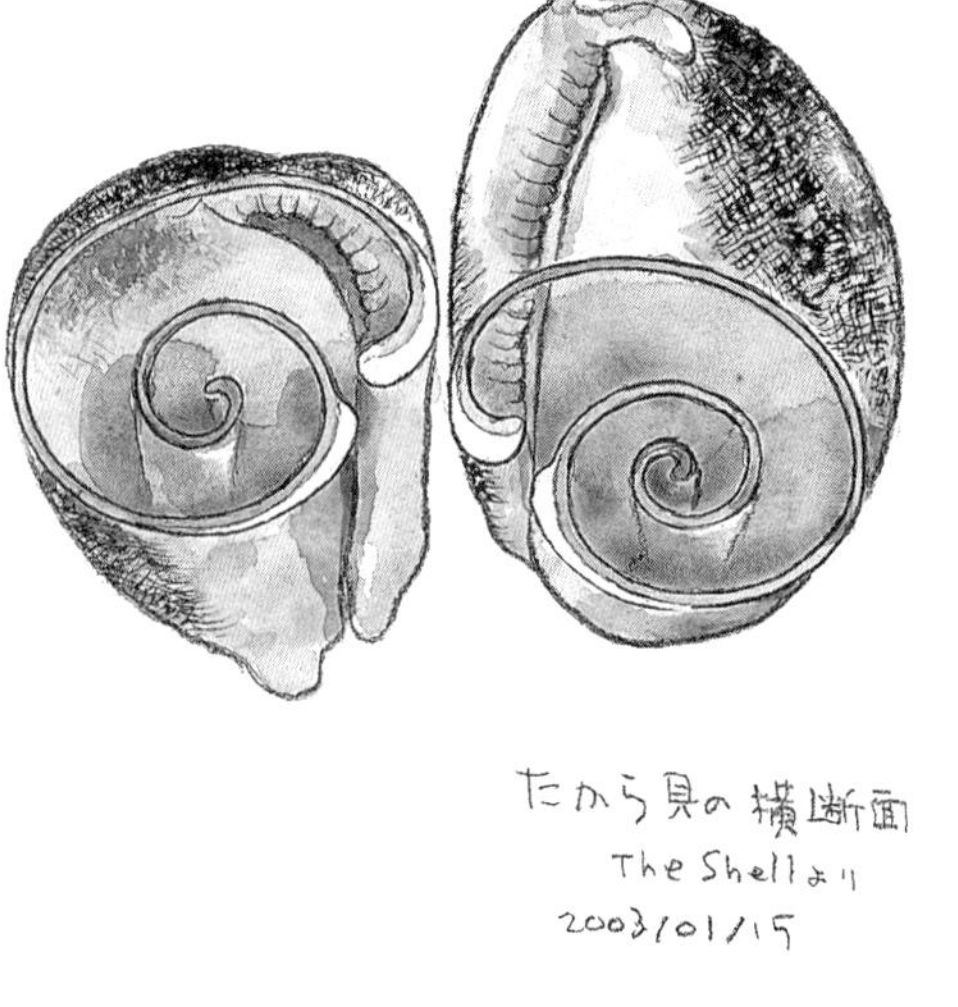
たから貝の横断面
The Shellより
2003/01/15

図 6———タカラガイの断面
タカラガイ科。スイジガイと同じく、幼いときは普通の巻き貝のように螺塔（殻の螺旋部分）が出ている。成熟すると、内・外唇共に肥厚して、螺塔が隠れてしまう。蓋もない。生きているときは殻は全面外套膜〈がいとうまく〉で覆われているので、美しい艶が保たれる。つまり、生きているときはこの艶も模様も見えない。

タツムリ」で見慣れていることだが、巻き貝には二つの目がある。レンズも網膜もあるそうだ。二つの目があれば脳もあるはずだ。この複雑な設計図はどんなふうに描かれているのだろうか。生きているホネガイの生活はまだ何も見えていない。

■ホネガイは砂泥の中で暮らしている

ところがインターネットを開くと、ホネガイの産卵・幼生から成長までを飼って、直接観察された方がおられることがわかった。琉球大学理学部海洋自然科学科の山口正士博士と学生であった宮田めぐみさんである。早速山口先生に手紙を出して、宮田さんの卒業論文のコピーを送っていただいた。

以下の文章の中で、『　』内の部分は、英文であった宮田さんの卒論の一部を翻訳・引用させていただいた範囲である。また、《　》内は、私が勝手に加えた解説部分である。

『一九九六年一〇月から一九九七年三月、沖縄本島の中城《なかぐすく》浜東沖でホネガイの親の生体および卵塊を採取した。水深二〇~五〇メートル、海底は砂泥だった。研究所の水槽で、採取した卵塊の孵化、および、成体の交尾と産卵を観察した。また、飼育ビーカーで約二六〇日間の飼育・成長を観察した。』

『産卵は四つの個体であったが、雌雄の交尾を観察できたのは一例だけだった。雄は雌の右上側に乗り、雌の棘列の間を通して長く白い陰茎を挿入した。』

《前述のように、ホネガイは成長過程で一二〇度ずつ体勢が変わる。体の前・後はつねに殻頂方向が前だが、腹・背はそのときの殻口のある側が腹方向になる。砂地を這《は》うときは腹を下にするのだと思う。右の交接姿勢の説明もこの体勢の呼称と同じ言い方だと思われる。》

『その雌は二一日後に産卵を始めた。卵塊は、螺旋につながった多数のカプセルが円柱状に集合したもので、そのカプセルの中には液状の蛋白質に多数の卵（胚）が懸濁していた。その卵塊の一端は、他の地物に固定するための構造を持っていた。卵塊の産み付けには約五日かかった。』

『産卵から約一カ月後から孵化が始まり、孵化期間は約一週間続いた。カプセルの穴を出た幼生は、高さ約一・五ミリメートル、植物プランクトンを食べて、七日ほど泳いでいた。幼生はその後変化して、螺層と水管といくつかの小さな棘を持ち、小さな二枚貝の殻に穴を開けて食べる肉食生活に変わった。孵化三〇日後、平均殻高約三・八ミリメートル、四～五巻の螺旋の殻を持っていた。』《図3に胎殻と記入した部分が、ほぼこのときの全身から水管部を除いたものと思われる。》

『ホネガイの生活行動は二つのパターンがあり、砂の上を這うか、あるいは、水管の先端だけを出して全身を砂の中に埋める。砂の上を這うときは、触手で砂から出ている餌の二枚貝の水管を探し、殻に穴を開けて中を食べる。砂に潜っているときは、螺層を拡張するために、邪魔な棘を溶かし新しい螺層を作る。それには五～一五日かかり、食事はとらない。その結果、成長曲線は個体差のある階段状になる。生後二四〇日、平均殻高二八・五ミリメートル、六～七巻き螺旋になった。』《宮田さんの研究と卒論はこの段階で終わっているが、山口先生によると、ホネガイはアクアリウムの中で今も元気だそうである。》

山口先生と宮田さんの研究をうかがわなければ、こんな不思議な貝の生活に近づくことは不可能だったろう。あの繊細なホネガイが、砂泥の中で作られるとは！　粘膜と粘液は砂にまみれることもなく、目にも頼らずに形をつくっているのだろうか。

いか、たこ、巻き貝、二枚貝などの軟体動物門は、世界に一一万種あるという。そのうち、巻き貝（腹足綱）は八万五〇〇〇種、日本には約四〇〇〇種いる。人間は太古から深い恩恵を受けていたのに、彼らの生活をほとんど知らない。

あとがき

本書に取り上げたエッセイのもとになったものは、自然の観察の折にふれて私がまとめていたものをOMソーラー協会の社内報に「奥村昭雄の博物誌」と題して掲載していたものである。その後、その一部は一般読者を対象とした雑誌『チルチンびと』に掲載された。本書ではこれらのエッセイをほとんどすべて書き直し、さらにいくつかを追加している。

私の仕事と研究の主題であるパッシブソーラーシステムや家具の設計と製作に関するものは、本書では取り上げていないが、本書で書いたような自然の観察と仕事上の研究とは、私のなかでは相通じており、切り離せないものである。実は、私は本書には掲載していない面白い話を他にもたくさんもっている。生ハム製造装置（ハムレークン）、魔法陣と立方陣、豚の丸焼きの方法、日本人のためのロッキングチェア、白蟻物語、蛾の話、家具と治具、櫛と樺皮細工、海流と凧……。これらは次の機会にゆずることにする。

本書に収録した話は継続的な特定の研究ではなく、その時々の興味で思いつくままに書かれたものなので、内容は多岐にわたっている。それぞれに専門の研究をなさっておられる方からみれば、誤りも多いと思う。ご教示いただければ幸いである。

また、あることを思いつくと騒ぎ立て、そのたびに周囲の人や見知らぬ方にまで迷惑をおかけした。この際、まとめてお詫びする次第である。

奥村昭雄

二〇〇三年八月

時が刻むかたち
樹木から集落まで

奥村昭雄

奥村昭雄◎おくむら・あきお

建築家。一九二八年、東京都生まれ。

一九五二年、東京美術学校建築科卒。同研究員として東京芸術大学改築計画担当。

一九五六年、吉村順三設計事務所入所。一九六四年、東京芸術大学美術学部建築科助教授。

一九七三年、同教授。木曽三岳村に板倉民家を再生しアトリエをつくる。

一九七八年、木曽三岳木工所設立。

現在、木曽三岳奥村設計所代表（http://www.quiet.co.jp）。東京芸術大学名誉教授。

代表的な建築作品に、ＮＣＲビル（一九六二年）、
星野山荘（一九七三年）、愛知県立芸術大学（一九七四年、一九九二年）、
新田体育館（一九八三年）、阿品土谷病院（一九八七年）、関西学研都市展示館（一九九四年）など。
著書に『奥村昭雄のディテール　空気・熱の動きをデザインする』（彰国社）、
『暖炉づくりハンドブック』（建築資料研究社）、『パッシブデザインとＯＭソーラー』（建築資料研究社）、
『木の家具作り』（ＩＮＡＸブックレット）などがある。

2003年8月25日第1刷発行

著者—奥村昭雄
発行者—真鍋 弘
発行所—OM出版株式会社
東京都港区芝5-26-20
建築会館4階 〒108-0014
編集所—有限会社ライフフィールド研究所
神奈川県鎌倉市小町1-8-19
小町ハウス203 〒248-0006
電話0467-61-3746
発売所—社団法人農山漁村文化協会
東京都港区赤坂7-6-1 〒107-8668
電話 03-3585-1141
ファックス 03-3589-1387
振替 00120-3-144478
http://www.ruralnet.or.jp/
印刷所—株式会社東京印書館

ブックデザイン—堀渕伸治◎tee graphics

ISBN4-540-03154-6
定価はカバーに表示。

百の知恵双書

004

たあとる通信

[インタビュー]

自然のシステムは美しい

奥村昭雄

●——木曽に行き始めた頃

編集　奥村さんは木曽に家具の工房をもって、東京の設計所と木曽の工房を行ったり来たりしているわけですが、木曽に行くようになったきっかけは、どんなことからなんですか。

奥村　当時、僕は愛知芸術大学の設計をしていたんだ。僕が吉村設計事務所から東京芸大の教師になって間もない一九六五年頃だ。なぜ木曽に行くことになったかというと、芸大の研究室で図

面を描いていたわけだけれど、当時は冷房がないからボタボタ汗が垂れてくる。四階建ての四階というところは、もう夏は図面を描いていられないんだよ。それで研究室の人たちと夏の仕事場を探そうということになって、現場の近くというと木曽谷ではないかということになった。最初は大泉寺《だいせんじ》というお寺に間借りをしたんだ。まずリンゴ箱を二つ買って、その上に板を置いて、製図台の図面をまず描いたんだよ（笑）。分解すると、ただの板の固まりにできるという組み立て式の製図台。それ以外に台所用品と蛍光灯などを小型のライトバンに乗せられるようにしてね。一部屋が仕事場、一部屋が寝るところ、食事は縁側でしていた。たまに法事なんかがあると、追い出されちゃうわけだよ。そのあいだは仕方がないから、旅館に泊まったり、旅行に行ったりしていた。

そんなところから僕の木曽物語は始まるんだ。

　お寺には小学生が二人いて、その友だちの子供たちとも知り合いになって、彼らと一緒に毎日のように昼飯が終わると散歩に行った。こっちは地理がわからないから、彼らに連れられて行くと、そこに学校の友だちがいる。それで、方々の民家や板倉を見せてもらったりしていた。そんなときに素朴な板倉を見つけた。あまり使っていないようだったので、和尚さんにわけてくれる人はいないかなと言ったら、蔵なんてものは人に譲るものではないと言われた。「あ、そうですか」とあきらめていたら、「先生かね、要《かなめ》の親だけれど、蔵いらんかね」という電話があったんだよ。親とは直接話したことがほとんどないけれど、親のほうは子どもから僕が板倉を欲しがっていることを聞いて知っていた。村役場の駐車場をつくるために壊さなければいけないことになって、和尚さんの人に譲るものではないという話もOKになったんだ。

編集　木曽に行くようになったということは、奥村さんにとって大きなことだったわけですね。

奥村　それはそうだよ。都会だけにいたら、少なくともこの本に書いたようなことは、知ろうと思わなかっただろうね。木曽へ行ったことで、歴史的にも空間的にも広がったことは確かだね。都会だけにいたら今生きているということが中心になるけれど、それがずーっと、じいさんのじいさんがこう言っとったわ、なんていう話が聞けるわけだからね。要するに、日本の近世が始まって以降の話が、全部入ってくることになったんだ。

編集　日本蜜蜂の話も木曽のアトリエでの話ですね。

奥村　そうだね。日本蜜蜂だけでなく、他にも虫に関わる話が木曽にはいろいろあるんだよ。

板倉を移築してつくられた木曽のアトリエ（撮影／上田明）

　蛾の話もそうだ。夜になると、僕のアトリエに村中の蛾が集まったかと思うほど、ガラス面が蛾の標本箱になった。その頃、夏のあいだ遊びに来る親戚の娘がいてね、それが大の蛾嫌いで、一匹飛び込んで来るたびに「キャーッ！」と叫ぶんだ。もともと虫の世界に人間が飛び込んで来たんだから仕方がないのにさ。それで青写真用のアンモニアをしみ込ませた殺虫瓶をつくって、新しい蛾が来たのを見つけると、出て行って採る。蛾はアンモニアの臭いをかぐと自分で瓶の中に飛び込むので、彼女も蛾取りが平気になった。そのうち僕のほうが蛾の採集に夢中になった。二夏採集したら三〇〇種以上の標本箱にした。蛾は表と裏の模様が違うでしょ。だから標本箱も両面ガラスにした。

蛾の美しさを言葉で表現することはなかなか難しいけれど、僕の蛾箱を見せるとだれもが美しいという。実に個性的なんだ。こんなにたくさんの蛾が自然のなかを棲み分けて生き、それぞれが違う色と模様をまとって自己の存在を主張しているのを見ると、建築家のやっていることなど、なんて幼稚きわまることだという気がしてくるね。それとどの蛾も美しいと感じるということは、人間の美意識というものが、個性などといっても自然の反映にすぎないのではないかと思えてくる。そんなことを考えさせてくれるのは、蝶ではなくて蛾のほうだね。

●——樹のシステムとパッシブシステム

編集　本書では樹の生長のシステムの話を最初の章に載せましたが、植物学の専門家が書かれるものとは視点が大分違いますね。

奥村　僕は建築が専門だからね。本書に書いたことだけれど芸大の教師をしていた頃、毎日上野公園を通り抜けていた。今頃（四月）は日一日と新緑が変化するし、夏の木陰、葉が色づく秋、冬枯れの木立、一年中見飽きることがない。樹の形は千差万別、二つとして同じものがない。樹種によっても違うし、樹種が同じでも一本一本の樹にも違いがある。けれど遠くから眺めても、あるいは葉の落ちた冬の姿を見ても、あれは欅、これは唐松だと見分けることができるし、若木と老木の区別もつくだろ。

編集　そうですね。

奥村　それは植物の側に種の形を特徴づける形のファクターのようなもの、環境によって影響される共通の傾向があるということ、それを見る人間のほうにも見分けるいくつかのポイントがあるからなんだ。植物学では花の構造といった生殖器官の違いが分類の鍵になっているけれど、僕らは樹の全体の姿でもある程度区別をすることができる。おそらく僕らが木の形を見分けるのに、無意識に使っている要素はそんなに多くないはずだ。せいぜい十程度。種から一本の芽が生えて、巨木になるまで同じ原則と環境に対する同じ反応を途方もない回数繰り返した結果、それぞれの形になったに違いない。公園を通り抜けながら時々そんなことを考えていたんだよ。

編集　コンピューターにのせるのに、ちょうどいい世界だったわけですね。奥村さんはその後、建築の温熱環境の解析にコンピューターを駆使して、それがOMソーラーシステムの開発につながっていきますが、樹形の研究がコンピューターを使い出すきっかけになったわけですね。

奥村　ちょうど同じ頃に、並行して日野の新田体育館（一九八三年竣工）の設計をやっているんだよ。

編集　新田体育館は日野自動車の従業員のための体育館で、仕事が終わった夜間に使われることが多かった。群馬県の新田というところは、冬の季節風「赤城おろし」が厳しいところですね。だから奥村さんは体育館の大きな屋根面を利用して太陽熱で暖めた空気を床下のコンクリートに蓄えて、夜間の暖房に使うことを考えた。その後、ＯＭソーラーと呼ばれるようになる仕掛けの最初ですね。

奥村　そうなんだ。新田体育館のようなパッシブシステムの設計では太陽からどれだけ熱量を得られるか、その熱が建物にどう蓄熱されて、どう流れていくか、予測しなければならない。予測することで建物の計画を修正することもできる。吉村事務所にいた一九六〇年に僕はＮＣＲビルを設計したんだが、あの頃から僕はずっと外環境と建築のことを考えてきた。太陽熱が建築にどう働くかということが何とか解けないものかと。ある瞬間、太陽がこう当たっていた。外気温がこうだった。そのとき室内の温度はどうか、壁の表面温度はどうなるかということはわかるんだ。

編集　計算で出るわけですね。

奥村　そう、計算で出る。それで、次の瞬間に、この空気がこっちへいくと、そこにも同じ日が当たっているからその分だけプラスされて温度が上がった分だけ逃げる……。というような計算を

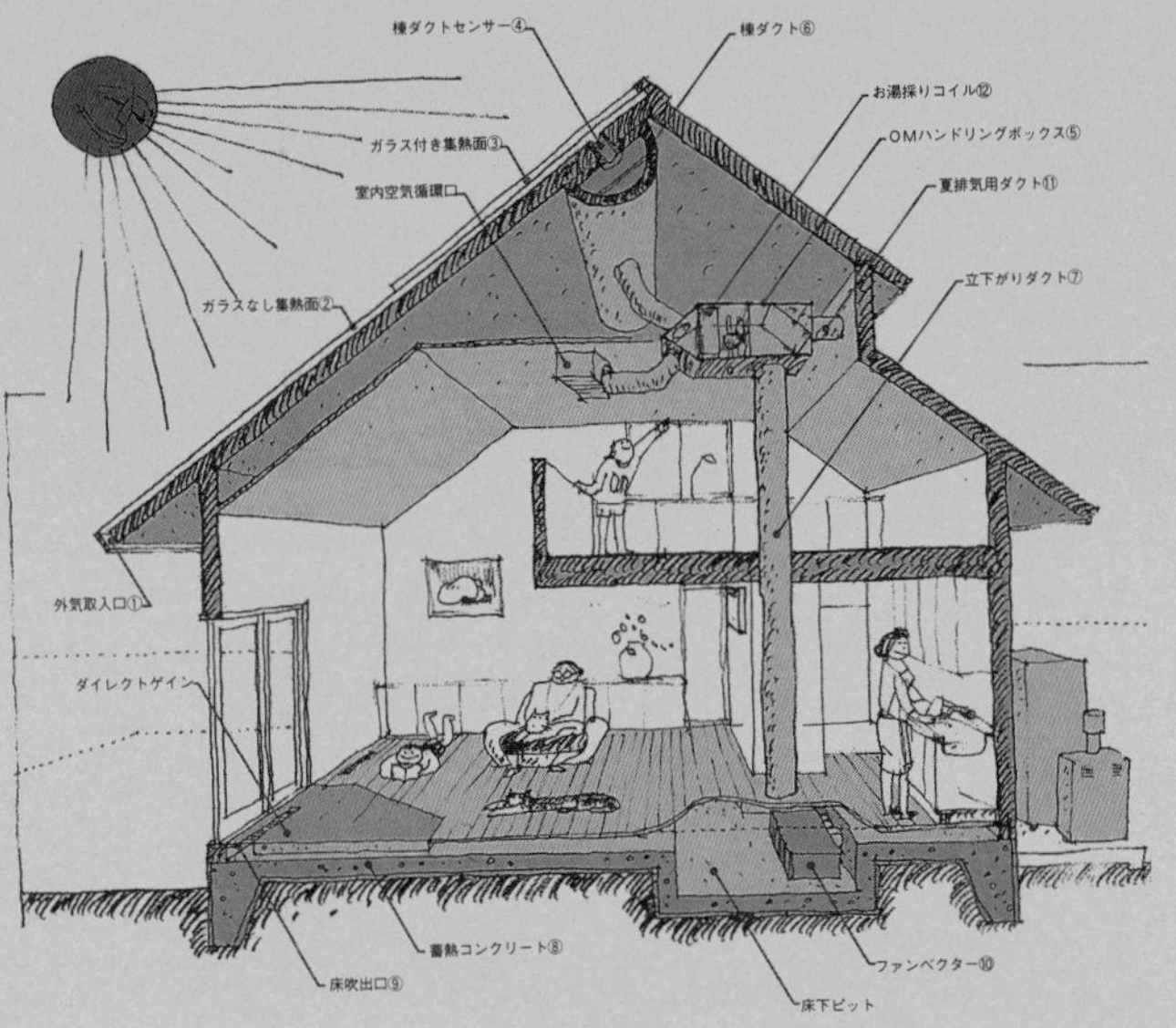

補助暖房にファンベクターを使用した初期のOMソーラーシステム（1990年頃）（作図／秋山東一）

パッシブシステムの設計に、初めてコンピューター・シミュレーションを用いた新田体育館

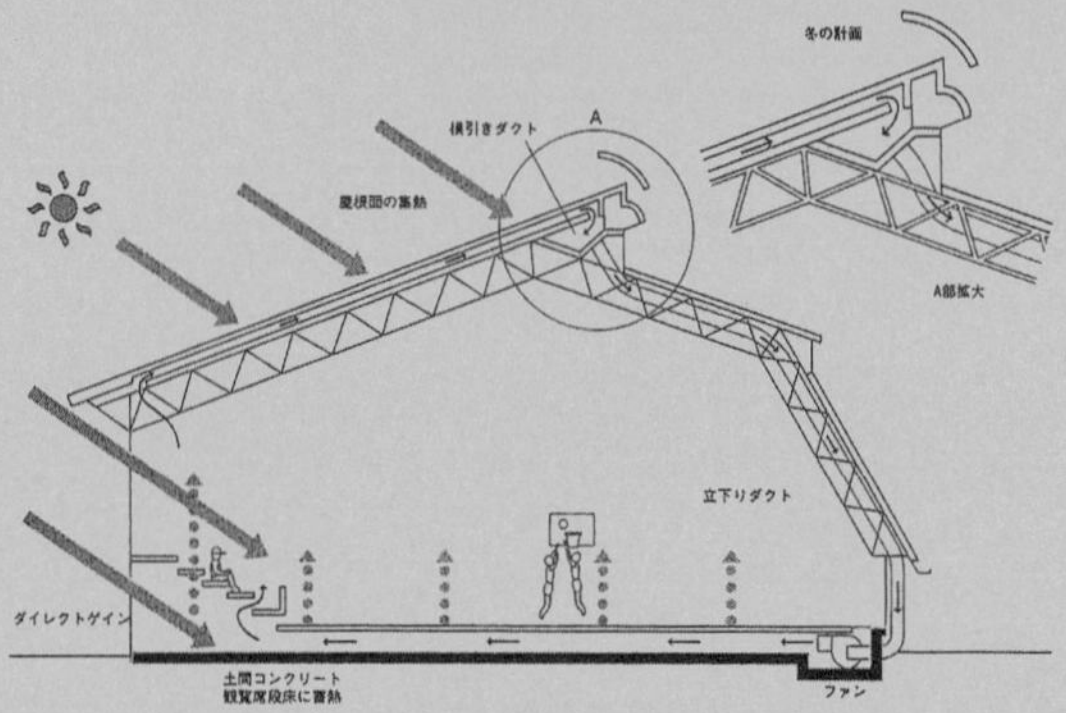

新田体育館の断面と空気の流れ（冬季）

大きなコクヨの方眼紙を貼り合わせて、延々と電卓で計算していたんだよ。新田体育館の設計が始まる頃に、研究室の学生が僕にポケコンをプレゼントしてくれた。それで、すぐにポケコンでやってみたら、まさにコンピューターがやるべきことを自分がやっていたんだということがわかってさ（笑）。それで、すぐに、その晩にプログラムをつくってやってみたら、あっという間に出るんだ。それで、ああ、コンピューターというものはこういうものなんだと。プログラムを書くということは、これまで考えた仕掛けを、コンピューターにこうやってやるんだよと言えばいいのだということがわかったんだ。

編集　建築のパッシブシステムも樹のシステムも、本当は連続している時間と空間を細かく区切って、その間の変化量をコンピューターに延々と計算させて集積することでモデル化するということでは共通しているわけですね。

●――パソコンの中の樹

奥村　毎年、枝先が二つに枝分かれする樹があるとすると、三〇年経つと枝先の数はいくつになると思う？

編集　えーと、二の三〇乗っていくつかな。

奥村　なんと十億を超える。実際にはそんな数の枝はついていないだろ。せいぜい数百から数万だ。大部分の枝は枯れ落ちてしまう。枝や葉が枯れることは、たとえ常緑樹であっても樹が生長するためには不可欠のシステムなんだ。

編集　それがなければ樹は枝と葉の団子になってしまいますね。

奥村　そういうことだ。樹が大きくなっていくときに、幹や枝もそのまま伸びていくと思っている人がいるけれど、実際は太さは太っていくが長さは変わらないんだよ。長さは枝先の芽のところでしか伸びない。だから子供の頃に足をかけて登った枝は、同じ高さのところにあるはずだ。しかし多くの場合、下枝は枯れて、その上に新しい年輪が覆い被さるから幹が立ち上がるように見えるんだ。

　それにしてもほぼ円錐形の松の幼樹の形から大枝を棚のように広げた老樹の形にどうやって樹が形を変えるのか、不思議だろ。そのなかにどんな一貫した原則が秘められているのか。ある時、そんなことを研究室で話をしていたら当時大学院生だった小川真樹君が簡単なプログラムをつくってくれたんだ。

編集　「パソコンの中で育つ樹形」に掲載してある初期のプログラムの図ですね。単純なプログラムでもなんか本当の樹を思わせる形をしていますね。

奥村　それで病みつきになってしまったんだよ（笑）。あのプログラムは、植物が枝分かれするということを二次元上でやったもので、枝は伸び率の違う優性枝と劣性枝に分かれる、枝先はいつも上方に向かって少し方向修正する、枝数が増えると一本当たりの伸び率は低下する、という三つのファクターだけでできているんだ。

編集　それでコンピューターの中の樹が、行き詰まってしまったわけですね。

奥村　そう。なぜそれ以上進まないかというと、それはコンピューターの樹に環境の作用がないからなんだ。要するに老化しない。葉も枝も落とさないから行き詰まってしまう。実際の自然の木というものは、自分の仕掛けたいものがあって、片やもう一方に環境というものがある。外環境と自分の仕掛けが応答している。まさに本当の意味でのパッシブシステムだ。これを何回も何回も繰り返していくと、あるものは枯れる。あるものは生き残る。あるものは生長する。そういうかたちの結果として、木というものに幼樹、成樹、老樹の姿が出てくるわけだ。

　植物の種は属・科・目・綱・門とまとめられて、系統樹として植物の種全体がひとつの樹形のような関係をつくっている。これはまた系統発生の歴史を反映していて、まだわかっていないことが多いけれど、系統樹の下枝に属するものほど古い時代にできた植物であると考えられている。けれども僕たちが普段目にする植物の形の大まかな違い、草や樹木、蔓植物などという区別は、この属・科・目という系統区分とは一致しないだろ。まめ科の仲間には蔓性の草本《そうほん》もあれば、えんじゅや紫檀といった堅い材になる大きな樹木もある。菊科は日本には草本しかないけれど南洋には大木もあるそうだ。

　植物の系統分類を考えると、可憐な草、巻きつく蔓、灌木、株立てや大枝をはる樹、しだれる樹といった僕たちが植物の形の違いとして見ているものをつくる性質のもととなるものは、植物すべてが本来もっているはずなんだ。植物の形はそれらのファクターが環境と応答して展開した結果の形なのだと考えないわけにはいかない。我々は勝手にあるものを草だ、蔓だ、幹だと言っているにすぎないんだよ。

編集　蔓性がないように見える木でも、若いうちは最適な位置を求めてかなり動きますね。それがだんだんと木質化して動けなくなる。

奥村　そうだね。当時、芸大の研究室でも話したことだけれど、我々はたとえばスギとヒノキとの違いにはもちろん興味を持つけれども、それらの個別性を追求していく仕事をやっているわけではない。パッと個別性のなかにある違いを見たら、今度は植物全体のなかにおいて、その性質が一般性か特殊性かという見方に入るんだ、と。それで、我々は一般の広い世界のなかにおいて、それがどう生きているかとか、どこの木にはどのくらいどういうふうに強くあるかとか、あるいはどんな環境において現われるかとかいうものの見方をすべきなんだと話したことがあるんだ。

●——自分で考えるということ

奥村　なぜ、そういう見方をすべきかというと、僕らの使っている言葉は、植物が言っている言葉じゃないからね（笑）。たとえば蔓と呼んでいるものは、蔓植物だけが持っている性格なのか、あるいは蔓植物以外の樹も持っている性質なのかを考えるべきであって、蔓という言葉に幻惑されてはいけない。このことは植物の場合だけではなくて、たとえば建築の分野であれば壁とか窓とかいっているけれども、壁や窓には、熱をどのくらい伝えるかとか、伝えないかとか、いろいろな性質がある。それを外が見える窓という話だけで終わらせてはいけない。だけど、僕らはどうしても言葉に幻惑される。言葉がないとものを指定できないから仕方がないけれども、それが逆に、ものの本質を見誤らせていることもあるということは知っておいたほうがいい。

　そんな話を大学ではしていたんだよ。僕は、そういうことしか教えていないんだ（笑）。

学生は実習で椅子をつくるわけです。そうすると、椅子の背はどのくらいの角度がいいか、学生から質問される。僕はある場合にどうだという意見を持っているけれど、それは教えないよと言ったの。「自分で、おまえの背中で感じてごらん」と。すぐわかるんだから。それでないと、何度教わったたって意味はまったくないんだよ、と。おまえがどうしようと思っているかというときに、どのくらいがいいかという話なんだから、その関係を感じ取れない限り、そこが何度だと覚えたって、何の役にも立たない。だから、僕は教えないよと言ったんだ。あるいは、教えられないものだよ、と。

編集　今の椅子の話もそうだし、言葉に幻惑されないというようなものの見方、そういう奥村さんの価値観の原点はどんなところにあるのでしょうね。

奥村　僕の世代はちょうど十五から十八歳ぐらいの、ものごとをひとりで考えたり始めたりする時期に、敗戦で世の中の価値観が大きく転換した世代。だから、すべてのことはいっぺんは疑ってから見ないとだめだというのは、そのときに身に付いてしまった考え方だろうね。それは影響していると思いますね。

編集　本を読むにしても、まず考えてから読むという感じのところが奥村さんにはありますね。

奥村　これはちょっと大事だなと思ったときには、本はまずは読まないようにするということがあるね。

編集　それは、まず自分でできるだけ考えるということをやってみるということですか。

奥村　本を読んでしまうと、たいていそれは本に負けちゃうんだよ。そうすると著者より上には行かれない。そうなると「なるほどな」で終わってしまう。まずは自分で考えて、こういうことが影響しあって、その結果こうなるんだろう、と。これでいいだろうとなってから読めば、たいてい本に書いてあったというものなんだよ（笑）。

そこまで到達するために、どんなことを考えたかは、著者と自分とではずいぶん違うはずなんだ。無駄なこともやったろうけれど、実は無駄なことをやったことのほうに価値があるんだよ。いろいろなことをやってみたことによって、そういうことはほかのことに対しても適用できる可能性をもつ。けれど本を読んだだけで終わってしまうと、本に書いてあった世界のなかでしか通用できないんだよ。

（二〇〇三年四月　木曽三岳奥村設計所にて収録）

奥村昭雄（おくむら・あきお）

足もとから暮らしと環境を科学する

「百の知恵双書」の発刊に際して

21世紀を暮らす私たちの前には地球環境問題をはじめとして、いくつもの大きな難問が立ちはだかっています。今私たちに必要とされることは、受動的な消費生活を超えて、「創る」「育てる」「考える」「養う」といった創造的な行為をもう一度暮らしのなかに取り戻すための知恵です。かつての「百姓」が百の知恵を必要としたように、21世紀を生きるための百の知恵が創造されなければなりません。ポジティブに、好奇心を持って、この世紀を生きるための知恵と勇気を紡ぎ出すこと。それが「百の知恵双書」のテーマです。

●既刊

001 **棚田の謎**
千枚田はどうしてできたのか
田村善次郎・TEM研究所

棚田はこの国に生きた日本人の生き方を象徴する風景である。山間の三重県紀和町丸山、海辺の石川県輪島市白米という二つの対照的な千枚田において、どのように棚田がつくられ、またどのような暮らしが営まれてきたか、ビジュアルに再現する。ISBN4-540-02251-2

002 **住宅は骨と皮とマシンからできている**
考えてつくるたくさんの仕掛け
野沢正光

建築家は住宅をつくるとき、いつもどんなことを考えながら一つの形にまとめていくのだろうか。地球環境時代の現代、住宅をつくるときに求められる条件とは何か。自邸の計画を深く掘り下げて見せることで、具体的に一般の読者に向けて書かれた住宅入門の書。ISBN4-540-02252-0

003 **目からウロコの日常物観察**
無用物から転用物まで
野外活動研究会

ありふれた路上に転がるモノたちを観察すればするほど、不思議いっぱいの暮らしの有り様が見えてくる。時にはおかしく、時には恐ろしく、日常物観察から見えてくるものは、今の私たちの暮らしの諸相と行く末である。

ISBN4-540-02253-9